DEUTSCHE AKADEMIE DER WISSENSCHAFTEN ZU BERLIN

Veröffentlichungen des Geodätischen Instituts in Potsdam
Nr. 12

ZUR BESTIMMUNG DER GEOIDUNDULATIONEN AUS FREILUFTANOMALIEN

SCHWEREWERTE IN GROSSEN HÖHEN ÜBER DER ERDOBERFLÄCHE

Von

KURT ARNOLD

AKADEMIE-VERLAG · BERLIN
1959

Erschienen im Akademie-Verlag GmbH, Berlin W 8, Mohrenstraße 39

Lizenz-Nr. 202 · 100/429/58
Gesamtherstellung: VEB Druckerei „Thomas Müntzer" Bad Langensalza
Bestell- und Verlagsnummer 2016/12
Preis: DM 17.50
Printed in Germany
ES 19 C

Zur Bestimmung der Geoidundulationen aus Freiluftanomalien

VORWORT

Die erste Abhandlung ist dem Problem der Bestimmung der Geoidundulationen aus Schweremessungen gewidmet.

Das berühmte Theorem von STOKES (1849) zur Bestimmung der Geoidundulationen aus Schwereanomalien enthält bekanntlich das sogenannte Reduktionsproblem. Es ist streng eigentlich nur gültig für die regularisierte Erde, d. h. für eine streng sphärische oder sphäroidische physische Erde. Tatsächlich ist die Erdoberfläche mehr oder weniger unregelmäßig, und die Schweremessungen erfolgen an der Erdoberfläche und nicht am Geoid. Um die Voraussetzungen für die Anwendung der STOKESschen Formel zu erfüllen, wird eine sogenannte Regularisierung der Erde vorgenommen. Dabei werden die außerhalb gelegenen Erdmassen in den vom Geoid begrenzten Raum verlagert. Geläufig sind die sogenannte isostatische Methode und die Reduktionsmethode nach BOUGUER und RUDZKI.

Alle diese Methoden haben den Nachteil, daß man für die Durchführung der Massentransporte die Dichte der Massen in der Erdkruste kennen muß. Hierbei ist man aber auf Abschätzungen und Hypothesen angewiesen. Bei der Anwendung der Regularisierungsmethode wirkt noch ein zweiter ungünstiger Umstand mit: Hat man nämlich die äußeren Erdmassen in den vom Geoid umschlossenen Raum verlagert, so müssen die ursprünglich an der Erdoberfläche gemessenen Schwerewerte derart verbessert werden, daß sie sich auf die Geoidfläche beziehen. Zur Bestimmung dieser Reduktionsbeträge braucht man unter anderem auch die Mittlere Krümmung der zwischen dem Geoid und der Erdoberfläche liegenden Niveauflächen. Dieser Wert ist a priori unbekannt, und man muß eine weitere Näherung einführen, indem man die Mittlere Krümmung der Niveauflächen gleich dem mittleren Erdradius setzt.

Bei der Anwendung der Regularisierungsmethode muß ferner noch der sogenannte „indirekte" oder BOWIE-BRUNS-Effekt berücksichtigt werden.

Auf grundsätzlich anderen Prinzipien als die Regularisierungsmethode basiert die Verwendung der sogenannten Freiluftreduktion im Zusammenhang mit der STOKESschen Gleichung. Schon STOKES selber hat sich in diesem Zusammenhang für die Anwendung der Freiluftreduktion ausgesprochen.

Auch POINCARÉ befürwortete später die Benutzung der Freiluftreduktion; er zeigte, daß für die gravimetrischen Undulationen das Hauptglied richtig herauskommt, wenn man in die STOKESsche Formel Freiluftanomalien einsetzt. Er betrachtete auch die Größe des Gliedes, das durch die Vernachlässigung der Erdabplattung entsteht.

Von besonderer Bedeutung für die Anwendung der Freiluftreduktion wurde der Beweis von JEFFREYS betreffend die Freiluftreduktionsmethode (1931). Die Untersuchungen von JEFFREYS basieren auf der 2. Identität von GREEN (GREENscher Satz). Es wird keine Regularisierung der Erde vorgenommen. JEFFREYS zeigte, daß bis auf Glieder von der ersten Ordnung die Lösung des STOKESschen Problems vollständig und ohne Hypothesen bestimmt ist in Ausdrücken der Freiluftreduktion für die Schwere. JEFFREYS fand ferner, daß eine Belegung auf dem Geoid mit der Flächendichte $g\left(1 + 2\,\frac{h_0}{R}\right)$ dasselbe äußere Gravitationspotential wie die wirkliche Erde erzeugt.

Aufbauend auf diesen Untersuchungen von JEFFREYS habe ich in ausführlichen Betrachtungen, die ebenfalls auf der 2. Identität von GREEN basieren, die Frage der bei diesen Untersuchungen vernachlässigten Glieder 2. und höherer Ordnung behandelt. Es wurden nur solche Glieder vernachlässigt, die nachweislich kleiner als etwa 1 cm sind.

Das Ergebnis möchte ich folgendermaßen zusammenfassen: Setzt man die üblichen Freiluftanomalien in die Formel von STOKES ein, so erhält man die Geoidundulationen (d. h. die Erhebungen des Geoids über jener sphäroidischen Bezugs-Niveaufläche mit vorgegebener Abplattung $\alpha = \frac{1}{297}$, deren Mittelpunkt im Erdschwerpunkt gelagert ist und die sich dem Geoid so approximiert, daß die Summe der Geoidundulationen gleich Null ist) indem man 3 verschiedene Arten von Korrekturen zusätzlich anbringt:

Den größten Korrektionsbetrag erreicht im allgemeinen

1) die sogenannte elliptische Verbesserung. Sie hat im Durchschnitt den Betrag von etwa 1% der Geoidundulationen und setzt sich aus zwei Komponenten 1a) und 1b) zusammen.

1a) entsteht dadurch, daß man das Randwertproblem der Potentialtheorie in Strenge nicht für eine Kugel sondern für ein Ellipsoid lösen muß. 1b) hat seine Ursache darin, daß die Beträge der Freiluftreduktion mit einer Verbesserung versehen werden müssen, die in erster Näherung in der Vernachlässigung der Erdabplattung beim Vertikalgradienten der „normalen" Schwere ihre Quelle hat. Die Verbesserung nach 1a) ist schon früher in anderem Zusammenhang von anderen Autoren berührt worden. Die Korrektion nach 1b) ist auch von A. H. Cook [25] und H. Jeffreys [34] schon behandelt worden.

Der Reduktionsbetrag 2 dient der Transformation des Störpotentials an der Erdoberfläche in den entsprechenden Wert am Geoid, $\frac{\bar{g}-\bar{\gamma}}{G} h_0 - \frac{h_0}{R} N_{\sigma.1.1}$.

Die dritte Reduktionsgröße 3 entspringt der unregelmäßigen Topographie der Erdoberfläche. Vorläufige Berechnungen für den Brocken (höchste Erhebung im Harz-Gebirge, 1142 m) ergaben hierfür bei Benutzung des Tanni-Geoids ca. 4 cm und für das von Heiskanen auf der Generalversammlung der IUGG 1957 in Toronto publizierte Geoid der nördlichen Hemisphäre ca. 0,5 cm. Die Reduktionsgröße 3 ist für den Gipfel des Mount-Blanc, 4810 m, nach vorläufigen auf dem Tanni-Geoid beruhenden Rechnungen ca. 25 cm.

Zu den Freiluftanomalien tritt ferner noch ein weiteres sehr kleines Korrektionsglied, das proportional den Lotabweichungen ist — $\Theta_\sigma G \operatorname{tg}(\gamma, n) \cos(\alpha - A)$ —. Dieses Glied dürfte kleiner sein als der Fehler in der Bestimmung der Freiluftanomalien. Eine genaue Abschätzung bzw. Bestimmung seines Einflusses auf die Geoidundulationen soll später a. a. O. gegeben werden.

Vorläufige kurze Mitteilungen über gewisse Teile der ersten Abhandlung der vorliegenden Publikationen sind schon früher gemacht worden [4], [35].

Die zweite der vorliegenden Abhandlungen befaßt sich mit der Bestimmung der Kugelfunktionsentwicklungen für die Schwere; für Punkte, die sich in großer Höhe über der Erdoberfläche befinden, werden diese Entwicklungen aus den Oberflächenwerten der Schwere abgeleitet.

K. Arnold

I

Das sich aus der Gravitationskraft und der Zentrifugalkraft zusammensetzende Schwerefeld der Erde wollen wir mit W bezeichnen.

Um ein Bezugssystem zu haben, führen wir ferner das normale Potentialfeld U mit einer sphäroidischen Niveaufläche ε_0 ein [2], [1].

Dieses Potentialfeld läßt sich im Außenraum der sphäroidischen Niveaufläche ε_0 darstellen als erzeugt durch

a) die Anziehung einer homogen im Innern verteilten Masse,

b) die Anziehung einer zusätzlich auf der Oberfläche verteilten Masse, deren Gesamtheit gleich Null ist,

c) die Zentrifugalkraft.

Ist T das Störpotential, so gilt

$$T = W - U\,. \tag{1}$$

Im Außenraum der physischen Erde ist T eine harmonische Funktion.

Aus der zweiten Greenschen Identität erhalten wir für Punkte im Außenraum [3]

$$T_p = \frac{1}{4\pi}\iint\limits_{\sigma} \frac{1}{r^0}\frac{\partial T}{\partial n}\,d\sigma - \frac{1}{4\pi}\iint\limits_{\sigma} T\frac{\partial}{\partial n}\left(\frac{1}{r^0}\right)d\sigma\,, \tag{2}$$

σ ist die Erdoberfläche; n die Normalenrichtung der Erdoberfläche, positiv in Richtung zum Erdinnern, r^0 der Abstand des festen Punktes vom variablen Punkt. Nähert sich der Punkt P von außen der Erdoberfläche σ, so geht (2) an der Grenze über in, [4]:

$$T_\sigma = \frac{1}{2\pi}\iint\limits_{\sigma} \frac{1}{r_\sigma}\frac{\partial T}{\partial n}\,d\sigma - \frac{1}{2\pi}\iint\limits_{\sigma} T\left[\frac{\partial}{\partial n}\left(\frac{1}{r}\right)\right]_\sigma d\sigma\,. \tag{3}$$

Die Indizierung mit σ bedeutet, daß der Aufpunkt auf der Fläche σ liegt.

Wir bilden den Differentialquotienten

$$\frac{\partial T}{\partial n} = \frac{\partial W}{\partial n} - \frac{\partial U}{\partial n}\,. \tag{4}$$

Es ist

$$\frac{\partial W}{\partial n} = |\nabla W| \cos(g_\sigma, n) \qquad \frac{\partial U}{\partial n} = |\nabla U| \cos(\gamma, n)\,. \tag{5}$$

(g_σ, n) ist der Winkel zwischen den Normalen der Erdoberfläche σ und der Äquipotentialfläche $W =$ konst.

Die Richtung des Vektors $\vec{\gamma}_\sigma$ können wir gleich der des Vektors $\vec{\gamma}_{\varepsilon_0}$ an der sphäroidischen Niveaufläche ε_0 setzen, wegen der geringen Größe der Lotkrümmung im normalen Schwerefeld.

Also, mit

$$|\nabla W| = g_\sigma\,, \qquad |\nabla U| = \gamma_\sigma\,,$$

$$\frac{\partial T}{\partial n} = g_\sigma \cos(g_\sigma, n) - \gamma_\sigma \cos(\gamma, n)\,. \tag{6}$$

In (6) führen wir $\cos(g_\sigma, n)$ auf $\cos(\gamma, n)$ zurück.

Aus Bild 1 entnehmen wir

$$\cos(g_\sigma, n) = \cos(\gamma, n)\cos\Theta_\sigma + \sin(\gamma, n)\sin\Theta_\sigma\cos(\alpha - A)\,.$$

Θ_σ ist die Lotabweichung an der Erdoberfläche.

$$\Theta_\sigma \cong \frac{10''}{\varrho''} = 0{,}5 \cdot 10^{-4}\,, \qquad \cos\Theta_\sigma = 1 - \frac{1}{8}\,10^{-8} + - \cdots, \qquad \sin\Theta_\sigma = 0{,}5 \cdot 10^{-4} - + \cdots,$$

$$\cos(g_\sigma, n) \cong \cos(\gamma, n) + \Theta_\sigma \sin(\gamma, n)\cos(\alpha - A)\,. \tag{7}$$

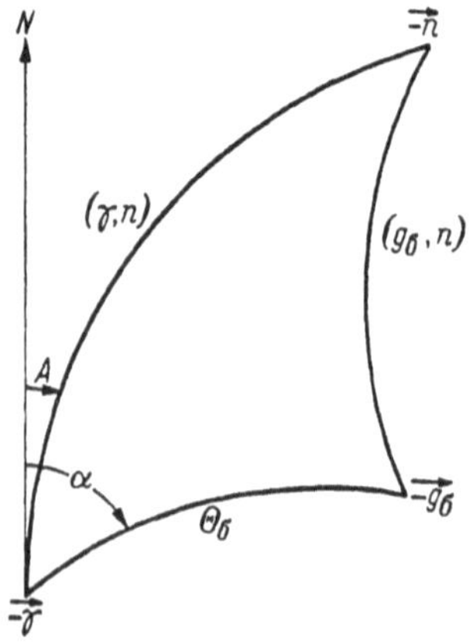

Bild 1

Mit (7) folgt aus (6)

$$\frac{\partial T}{\partial n} = (g - \gamma)_\sigma \cos(\gamma, n) + \Theta_\sigma\left(1 - \frac{1}{6}\,\Theta_\sigma^2\right) g_\sigma \sin(\gamma, n)\cos(\alpha - A) - \frac{1}{2}\,\Theta_\sigma^2\, g_\sigma \cos(\gamma, n)\,, \tag{8}$$

$$\frac{\partial T}{\partial n} \cong (g - \gamma)_\sigma \cos(\gamma, n) + \Theta_\sigma\, g_\sigma \sin(\gamma, n)\cos(\alpha - A)\,. \tag{8a}$$

Aus (3) und (8a) folgt

$$T_\sigma = T_1 + T_2 \tag{9}$$

mit

$$T_1 = \frac{1}{2\pi}\iint\limits_\sigma \frac{1}{r_\sigma}\left[(g - \gamma)_\sigma \cos(\gamma, n) + \Theta_\sigma\, g_\sigma \sin(\gamma, n)\cos(\alpha - A)\right] d\sigma\,, \tag{10}$$

$$T_2 = -\frac{1}{2\pi}\iint\limits_\sigma T\left[\frac{\partial}{\partial n}\left(\frac{1}{r}\right)\right]_\sigma d\sigma\,. \tag{11}$$

Wir formen T_2 um

$$T_2 = -\frac{1}{2\pi}\iint\limits_\sigma T\,\frac{\partial}{\partial n}\,\frac{1}{r}\,d\sigma = \frac{1}{2\pi}\iint\limits_\sigma T\,\frac{1}{r_\sigma^2}\cos(r_\sigma, n)\,d\sigma\,. \tag{12}$$

In Bild 2 ist $\vec{r}$ der Vektor vom Aufpunkt P_2 zu dem von der Erdoberfläche σ auf das (durch den Aufpunkt P_2 gehende) Ellipsoid projizierten variablen Punkt P_1 (siehe auch Bild 3).

Der Mittelpunkt des Ellipsoids ε falle mit dem Erdschwerpunkt zusammen, seine kleine Achse sei identisch mit der Rotationsachse der Erde. Mit gewissen Annäherungen ist das Ellipsoid ε eine Parallelfläche zum Ellipsoid ε_0. Wenn wir u. a. die absoluten Geoidundulationen vernachlässigen sei ε eine Parallelfläche zum Geoid, was bei späteren numerischen Berechnungen (Kapitel VI) von Interesse ist.

$-\gamma_0$ ist die negative (in den Außenraum zeigende) Richtung der Ellipsoidnormalen im festen Aufpunkt P_2. Der Winkel (r_σ, r) ist positiv, wenn $\vec{r}_\sigma$ „tiefer" liegt als $\vec{r}$. In Bild 3 ist der Winkel (r_σ, r) also positiv. Die Vektoren $\vec{\gamma}$, $\vec{r}$, $\vec{r}_\sigma$ liegen immer in einer Ebene, nämlich in der Normalebene des Punktes P_1, die den Punkt P_2 enthält.

Wenn das Ellipsoid in eine Kugel entartet, liegt auch der Vektor $\vec{\gamma}_0$ in dieser Ebene.

Aus Bild 2 entnehmen wir, wenn wir berücksichtigen, daß

$$\cos(r_\sigma, -n) = -\cos(r_\sigma, n)\,; \qquad \cos(-\gamma, -n) = \cos(\gamma, n)\,;$$

$$\sin(r_\sigma, -\gamma) = \sin(r_\sigma, \gamma)\,; \qquad \sin(-\gamma, -n) = \sin(\gamma, n);$$

$$\cos(r_\sigma, n) = \cos(r_\sigma, \gamma)\cos(\gamma, n) - \sin(r_\sigma, \gamma)\sin(\gamma, n)\cos\tau\,. \tag{13}$$

Aus (13) und (12) folgt

$$T_2 = T_{2.1} + T_{2.2} + T_{2.3}\,. \tag{14}$$

Wenn wir setzen

$$\frac{1}{r_\sigma^2} = \frac{1}{r^2} + \frac{r^2 - r_\sigma^2}{r^2\, r_\sigma^2}\,, \qquad \frac{1}{r_\sigma} = \frac{1}{r} + \frac{r - r_\sigma}{r\, r_\sigma}\,, \tag{15}$$

so wird

$$T_{2.1} = \frac{1}{2\pi} \iint\limits_\sigma T_\sigma \frac{1}{r^2} \cos(r_\sigma, \gamma) \cos(\gamma, n)\, d\sigma\,, \tag{16}$$

$$T_{2.2} = -\frac{1}{2\pi} \iint\limits_\sigma T_\sigma \frac{1}{r^2} \sin(r_\sigma, \gamma) \sin(\gamma, n) \cos\tau\, d\sigma\,, \tag{17}$$

$$T_{2.3} = \frac{1}{2\pi} \iint\limits_\sigma T_\sigma \frac{r^2 - r_\sigma^2}{r^2\, r_\sigma^2} \cos(r_\sigma, n)\, d\sigma\,. \tag{18}$$

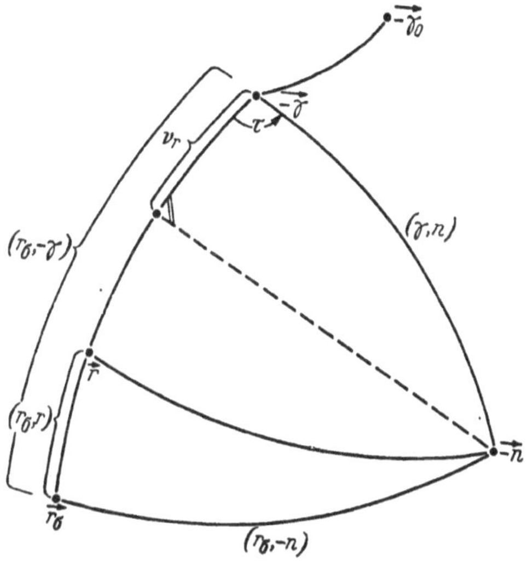

Bild 2

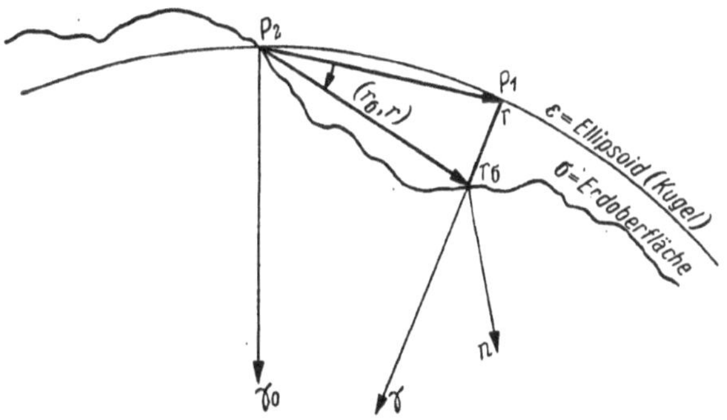

Bild 3

Nun ist

$$(r_\sigma, \gamma) = (r, \gamma) - (r_\sigma, r) \tag{19}$$

$$\cos(r_\sigma, \gamma) = \cos(r, \gamma)\cos(r_\sigma, r) + \sin(r, \gamma)\sin(r_\sigma, r) \tag{20}$$

Wir führen jetzt das durch den Aufpunkt P_2 gehende Rot.-Ellipsoid ε ein (Bild 3, 4). Von diesem Sphäroid setzen wir ferner voraus, daß es in möglichst guter Annäherung eine Parallelfläche zum Geoid $W = \text{konst.}$ sein soll. Die Erhebung des variablen auf der Erdoberfläche gelegenen Punktes P_1 über dem durch den Aufpunkt P_2 gehenden Ellipsoid ε nennen wir h (in Bild 3 ist h negativ). Diese Höhenunterschiede h unterscheiden sich dann von den Höhen über dem Geoid näherungsweise nur um eine additive Konstante. Diese Konstante ist — nach den gemachten Voraussetzungen und mit den eingeführten Näherungen — gleich der Höhe des Aufpunktes P_2 über dem Geoid, d. i. die orthometrische Höhe des Punktes P_2. Es ergibt sich also:

$$\cos(\gamma, n)\, d\sigma \cong \left(\frac{R+h}{R}\right)^2 d\varepsilon \cong \left(1 + \frac{2h}{R}\right) d\varepsilon\,. \tag{21}$$

Wir haben dann

$$T_{2.1} = \frac{1}{2\pi} \iint\limits_\varepsilon T_\sigma \frac{1}{r^2} \cos(r, \gamma)\cos(r_\sigma, r)\, d\varepsilon$$
$$+ \frac{1}{\pi R} \iint\limits_\varepsilon T_\sigma \frac{h}{r^2} \cos(r, \gamma)\cos(r_\sigma, r)\, d\varepsilon + \frac{1}{2\pi} \iint\limits_\varepsilon T_\sigma \frac{1}{r^2} \sin(r, \gamma)\sin(r_\sigma, r)\left(1 + \frac{2h}{R}\right) d\varepsilon\,. \tag{22}$$

Mit (9), (10), (14), (17), (18), (22) ergibt sich, wenn wir zur Abkürzung setzen

$$\frac{\partial T}{\partial n} \cdot \frac{1}{\cos(\gamma, n)} = \Delta G_\sigma = (g - \gamma)_\sigma + \Theta_\sigma g_\sigma \operatorname{tg}(\gamma, n) \cos(\alpha - A) \tag{23}$$

schließlich folgende Gleichung:

$$T_\sigma = \frac{1}{2\pi} \iint_\varepsilon \frac{1}{r} \Delta G_\sigma \left(1 + 2\frac{h}{R}\right) d\varepsilon + \frac{1}{2\pi} \iint_\varepsilon T_\sigma \frac{1}{r^2} \cos(r, \gamma)\, d\varepsilon + \sum_1^5 \Psi_n \tag{24}$$

$$\Psi_1 = \frac{1}{2\pi} \iint_\sigma T_\sigma \frac{r^2 - r_\sigma^2}{r^2 r_\sigma^2} \cos(r_\sigma, n)\, d\sigma\,, \tag{24a}$$

$$\Psi_2 = \frac{1}{2\pi} \iint_\varepsilon T_\sigma \frac{1}{r^2} [\sin(r, \gamma) \sin(r_\sigma, r) - \sin(r_\sigma, \gamma) \operatorname{tg}(\gamma, n) \cos\tau] \left(1 + \frac{2h}{R}\right) d\varepsilon\,, \tag{24b}$$

$$\Psi_3 = \frac{1}{2\pi} \iint_\varepsilon T_\sigma \frac{1}{r^2} \cos(r, \gamma) [\cos(r_\sigma, r) - 1]\, d\varepsilon\,, \tag{24c}$$

$$\Psi_4 = \frac{1}{2\pi} \iint_\varepsilon \frac{r - r_\sigma}{r\, r_\sigma} \Delta G_\sigma\, d\varepsilon\,, \tag{24d}$$

$$\Psi_5 = \frac{1}{\pi R} \iint_\varepsilon T_\sigma \frac{h}{r^2} \cos(r, \gamma) \cos(r_\sigma, r)\, d\varepsilon\,. \tag{24e}$$

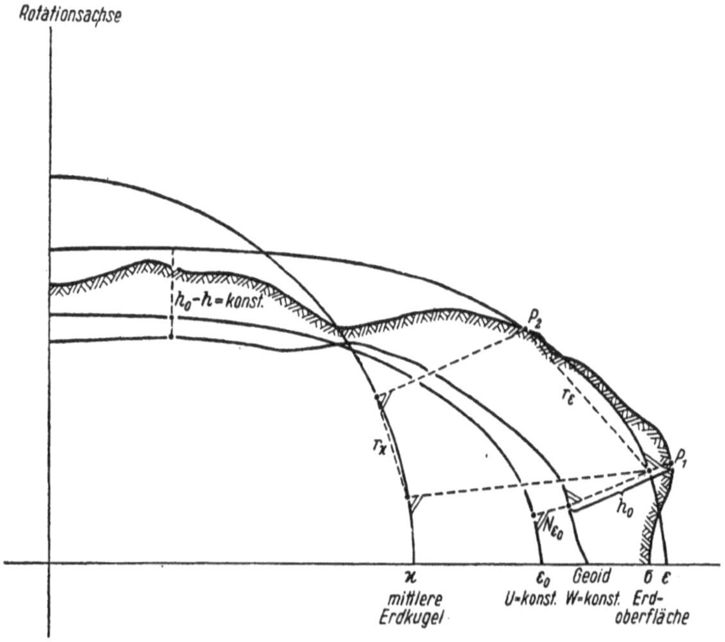

Bild 4

Ist G ein Mittelwert über die Schwere g an der Erdoberfläche, setzen wir

$$\Psi_n = G\, \Phi_n \tag{25}$$

und führen wir nach einem Theorem von BRUNS die Geoidundulationen N_σ ein

$$N_\sigma = \frac{T_\sigma}{\gamma_\sigma} \cong \frac{T_\sigma}{G}\,, \tag{26}$$

so haben wir in genügender Annäherung

$$T_\sigma = \frac{1}{2\pi} \iint_\varepsilon \frac{1}{r} \Delta G_\sigma \left(1 + 2\frac{h}{R}\right) d\varepsilon + \frac{1}{2\pi} \iint_\varepsilon T_\sigma \frac{1}{r^2} \cos(r, \gamma)\, d\varepsilon + G \sum_1^5 \Phi_n\,, \tag{27}$$

$$\Phi_1 = \frac{1}{2\pi} \iint\limits_{\sigma} N_\sigma \frac{r^2 - r_\sigma^2}{r^2 r_\sigma^2} \cos(r_\sigma, n)\, d\sigma\,, \tag{27a}$$

$$\Phi_2 = \frac{1}{2\pi} \iint\limits_{\varepsilon} N_\sigma \frac{1}{r^2} [\sin(r,\gamma)\sin(r_\sigma, r) - \sin(r_\sigma,\gamma)\,\mathrm{tg}\,(\gamma, n)\cos\tau] \left(1 + \frac{2h}{R}\right) d\varepsilon\,, \tag{27b}$$

$$\Phi_3 = \frac{1}{2\pi} \iint\limits_{\varepsilon} N_\sigma \frac{1}{r^2} \cos(r,\gamma)\,[\cos(r_\sigma, r) - 1]\, d\varepsilon\,, \tag{27c}$$

$$\Phi_4 = \frac{1}{2\pi G} \iint\limits_{\varepsilon} \frac{r - r_\sigma}{r\, r_\sigma} \Delta G_\sigma\, d\varepsilon\,, \tag{27d}$$

$$\Phi_5 = \frac{1}{\pi R} \iint\limits_{\varepsilon} N_\sigma \frac{h}{r^2} \cos(r,\gamma)\cos(r_\sigma, r)\, d\varepsilon\,. \tag{27e}$$

Bei der Durchführung der Integrationen in den Gleichungen (27a) bis (27e) haben wir als Bezugsfläche für gewisse Größen das durch den Aufpunkt gehende bestimmte Ellipsoid ε eingeführt. Weil die Größen Φ_1 bis Φ_5 ziemlich klein sind und den Betrag von einigen Metern nicht übersteigen werden, werden wir in diesen Formeln das Ellipsoid ε durch eine Kugel ersetzen können, die das Ellipsoid im Aufpunkt P_2 berührt und deren Radius gleich dem mittleren Radiusvektor des Ellipsoids ε ist.

Während wir also eigentlich entlang der Ellipsoidnormalen $\vec{\gamma}$ um den Betrag $-h$ wandern müssen, um zu dem korrespondierenden Punkt auf der Erdoberfläche zu gelangen, schreiten wir jetzt entlang der Normalen der Kugelfläche um denselben Betrag $-h$.

Die dadurch in $\Phi_1 \ldots \Phi_5$ eingeführten relativen Fehler werden von der Größenordnung der Abplattung des Ellipsoids $\varepsilon \left(\frac{1}{297}\right)$ sein und können daher ohne nennenswerte Einbuße an Genauigkeit vernachlässigt werden.

Wenn man auch in der Gleichung (27) in den beiden ersten Gliedern auf der rechten Seite das Ellipsoid ε durch die genannte Kugel ersetzt, so wird hierdurch T_σ und damit auch die Undulation N_σ einen relativen Fehler von der Größenordnung der Abplattung erleiden. Diese Vereinfachung der Gleichung (27) wird N_σ im allgemeinen stärker verändern als die erwähnten Vereinfachungen in den Gleichungen (27a) bis (27e); denn $|T_\sigma|$ ist im allgemeinen größer als $G\,|\Phi_n|$, $n = 1 \ldots 5$.

Gleichung (27) wollen wir noch etwas umformen. Der in ΔG_σ (23) erscheinende Wert für die normale Schwere an der Erdoberfläche γ_σ soll durch den Wert an der sphäroidischen Niveaufläche γ_{ε_0} ausgedrückt werden.

Wenn h_0 die orthometrische Höhe über dem Geoid und N_{ε_0} die Geoidundulation in bezug auf das Ellipsoid ε_0 ist (also die Undulation in der Höhe von Normal-Null), so ist $h_0 + N_{\varepsilon_0}$ die Höhe der Erdoberfläche über dem Elipsoid ε_0 (Bild 4), und es gilt dann, mit diesen Werten aus dem „normalen" Schwerefeld der Erde die normale Schwere an der Erdoberfläche γ_σ zu berechnen.

Zur Lösung der Aufgabe benutzen wir das bekannte Theorem von Bruns für den Vertikalgradienten der Schwere

$$\frac{d\gamma}{dh_0} = -2\gamma H_\gamma - 2\omega^2.$$

H_γ ist die Mittlere Krümmung der Niveauflächen des „normalen" Potentialfeldes, sie ist in dem betrachteten Raum in genügender Annäherung mit der Höhe h_0 linear veränderlich.

ω ist die Winkelgeschwindigkeit der Erde, $\omega = 7{,}292\,115\,08 \cdot 10^{-5}\ \mathrm{sec}^{-1}$.

Es folgt

$$\int\limits_{\gamma_{\varepsilon_0}}^{\gamma_\sigma} \frac{1}{\gamma}\, d\gamma \cong -2 \int\limits_{h_0=0}^{h_0+N_{\varepsilon_0}} H_\gamma\, dh_0 - 2\,\frac{1}{\bar{\gamma}}\,\omega^2 (h_0 + N_{\varepsilon_0})\,,$$

$$\ln \frac{\gamma_\sigma}{\gamma_{\varepsilon_0}} = -2\left(\bar{H}_\gamma + \frac{1}{\bar{\gamma}}\,\omega^2\right)(h_0 + N_{\varepsilon_0})\,.$$

$\bar{\gamma}$ und $\bar{H}_\gamma$ sind leicht bestimmbare entlang der Lotlinie und zwischen dem Ellipsoid ε_0 und der Erdoberfläche σ genommene Mittelwerte für die normale Schwere γ und die Mittlere Krümmung H_γ der Niveauflächen des „normalen" Potentialfeldes. Es ergibt sich folgende Reihenentwicklung:

$$\frac{\gamma_\sigma-\gamma_{\varepsilon_0}}{\gamma_{\varepsilon_0}}\left[1-\frac{1}{2}\frac{\gamma_\sigma-\gamma_{\varepsilon_0}}{\gamma_{\varepsilon_0}}+\frac{1}{3}\left(\frac{\gamma_\sigma-\gamma_{\varepsilon_0}}{\gamma_{\varepsilon_0}}\right)^2\right]=-2\left(\bar{H}_\gamma+\frac{1}{\bar{\gamma}}\,\omega^2\right)(h_0+N_{\varepsilon_0})$$

und mit einem relativen Fehler in $\gamma_\sigma-\gamma_{\varepsilon_0}$ von der maximalen Größenordnung 10^{-6}

$$\gamma_\sigma=\gamma_{\varepsilon_0}-2\,(\bar{\gamma}\,\bar{H}_\gamma+\omega^2)\,(h_0+N_{\varepsilon_0})\,. \tag{28}$$

$\bar{H}_\gamma$ kann man in genügender Annäherung, nämlich mit einem relativen Fehler, der kleiner als 10^{-5} ist, als den zwischen dem Geoid und der Erdoberfläche σ genommenen arithmetischen Mittelwert von H_γ auffassen.

N_{ε_0} in (28) läßt sich leicht auf T_σ zurückführen: Das „wahre" Potential am Geoid und das „normale" Potential an der sphäroidischen Niveaufläche ε_0 seien konstant gleich C. Dann gilt

$$W_\sigma=C-\int_{t=0}^{h_0} g\,dt=C-\bar{g}\,h_0\,,$$

$$U_\sigma=C-\int_{t=0}^{h_0+N_{\varepsilon_0}}\gamma\,dt=C-\bar{\gamma}\,(h_0+N_{\varepsilon_0})\,,$$

$$T_\sigma=W_\sigma-U_\sigma=-(\bar{g}-\bar{\gamma})\,h_0+\bar{\gamma}\,N_{\varepsilon_0}$$

$$-2\,\bar{\gamma}\,\bar{H}_\gamma\,N_{\varepsilon_0}=-2\,\bar{H}_\gamma\,(\bar{g}-\bar{\gamma})\,h_0-2\,\bar{H}_\gamma\,T_\sigma\,. \tag{29}$$

Das Glied

$$-2\,\omega^2\,N_{\varepsilon_0}$$

in (28) erreicht, wenn $N_{\varepsilon_0}=100$ m, nur 0,1 mgal.

Wir erhalten aus (28) mit (29)

$$\gamma_\sigma=\gamma_{\varepsilon_0}-2\,\bar{H}_\gamma\,\bar{g}\,h_0-2\,\omega^2\,h_0-2\,\bar{H}_\gamma\,T_\sigma-2\,\omega^2\,N_{\varepsilon_0} \tag{30}$$

und mit (8a)

$$\frac{\partial T}{\partial n}\cdot\frac{1}{\cos(\gamma,n)}=\Delta G_\sigma=g_\sigma-\gamma_{\varepsilon_0}+2\,\bar{H}_\gamma\,\bar{g}\,h_0+2\,\omega^2\,h_0+$$
$$+\,2\,\bar{H}_\gamma\,T_\sigma+2\,\omega^2\,N_{\varepsilon_0}+\Theta_\sigma\,g_\sigma\,\mathrm{tg}\,(\gamma,n)\cos(\alpha-A)\,. \tag{30a}$$

Aus (30) und (27) folgt

$$T_\sigma=\frac{1}{2\pi}\iint_\varepsilon\frac{1}{r}\,\Delta g^*\left(1+2\,\frac{h}{R}\right)d\varepsilon+$$
$$+\,\frac{1}{2\pi}\iint_\varepsilon\frac{1}{r}\left[2\,\bar{H}_\gamma\left(1+2\,\frac{h}{R}\right)+\frac{\cos(r,\gamma)}{r}+2\,\omega^2\,\frac{1}{G}\right]T_\sigma\,d\varepsilon+G\sum_1^5\Phi_n\,, \tag{31}$$

$$\Delta g^*=g_\sigma+2\,\bar{H}_\gamma\,\bar{g}\,h_0+2\,\omega^2\,h_0-\gamma_{\varepsilon_0}+\Theta_\sigma\,g_\sigma\,\mathrm{tg}\,(\gamma,n)\cos(\alpha-A)\,, \tag{32}$$

$$\frac{\partial T_\sigma}{\partial n}\cdot\frac{1}{\cos(\gamma,n)}=\Delta G_\sigma=\Delta g^*+2\left(\bar{H}_\gamma+\omega^2\,\frac{1}{G}\right)T_\sigma\,. \tag{32a}$$

Wir führen die Freiluftreduktion Δg_F ein

$$\Delta g_F=g_\sigma+2\,\bar{H}_\gamma\,\bar{g}\,h_0+2\,\omega^2\,h_0-\gamma_{\varepsilon_0} \tag{33}$$

und erhalten aus (32) und (33)

$$\Delta g^*=\Delta g_F+\Theta_\sigma\,G\,\mathrm{tg}\,(\gamma,n)\cos(\alpha-A)\,; \tag{34}$$

$$\frac{\partial T_\sigma}{\partial n}\cdot\frac{1}{\cos(\gamma,n)}=\Delta G_\sigma=\Delta g_F+\Theta_\sigma\,G\,\mathrm{tg}\,(\gamma,n)\cos(\alpha-A)+2\left(\bar{H}_\gamma+\omega^2\,\frac{1}{G}\right)T_\sigma\,. \tag{34a}$$

$\bar{H}_\gamma$ wollen wir durch die Mittlere Krümmung des Ellipsoids ε_0, nämlich durch $H_{\gamma_{\varepsilon_0}}$ ausdrücken.

Es ist

$$H_{\gamma_{\varepsilon_0}} = \frac{1}{2}\left(\frac{1}{R_1} + \frac{1}{R_2}\right),$$

wenn R_1 und R_2 die beiden Hauptkrümmungsradien sind.

Wir haben ferner analog

$$\overline{H}_\gamma = \frac{1}{2}\left(\frac{1}{\overline{R}_1} + \frac{1}{\overline{R}_2}\right).$$

Nun ist

$$\overline{R}_1 = R_1\left(1 + \frac{h_0}{2R}\right).$$

Also

$$\overline{H}_\gamma\left(1 + 2\frac{h}{R}\right) = H_{\gamma_{\varepsilon_0}}\left(1 - \frac{h_0}{2R}\right)\left(1 + 2\frac{h}{R}\right) = H_{\gamma_{\varepsilon_0}} - \frac{h_0}{2R^2} + 2\frac{h}{R^2}.$$

Mit

$$\Phi_6 = -\frac{1}{\pi R^2}\iint\limits_{\varepsilon} \frac{\frac{1}{2}h_0 - 2h}{r} N_\sigma \, d\varepsilon \tag{35}$$

folgt schließlich

$$T_\sigma = \frac{1}{2\pi}\iint\limits_{\varepsilon} \frac{1}{r}\Delta g^*\left(1 + 2\frac{h}{R}\right)d\varepsilon + \frac{1}{2\pi}\iint\limits_{\varepsilon} \frac{1}{r}\left\{\left[2H_{\gamma_{\varepsilon_0}} + \frac{\cos(r,\gamma)}{r}\right]T_\sigma + 2\omega^2 N_{\varepsilon_0}\right\}d\varepsilon + G\sum_1^6 \Phi_n. \tag{36}$$

Betrachten wir noch die Gleichung (33) näher. $g\,h_0$ ist der Potentialunterschied zwischen dem Geoid und der Erdoberfläche, er läßt sich aus Nivellements in Verbindung mit Schweremessungen hypothesenfrei bestimmen — vgl. [25] —. Für $\bar{g}\,h_0$ wurde durch die „Beschlüsse von Florenz" (Arbeitstagung der Internationalen Kommission für die Bildung eines einheitlichen europäischen Nivellementsnetzes bei der Internationalen Assoziation für Geodäsie vom 23. bis 29. Mai 1955 in Florenz) der Begriff geo-potentielle Kote geprägt [19]. Ist die Einheit der Schwere g ein Kilo-gal ($g = 0{,}98\ldots$) und die der nivellierten Höhenunterschiede dt das Meter, so wird die geo-potentielle Kote c gleich

$$c = \int g\,dt = \bar{g}\,h_0. \tag{37}$$

Die Einheit von c ist dann die geopotentielle Einheit (u. g. p.) — unité géopotentielle —. In (33) soll Δg_F aber die Einheit mgal haben. Wählen wir die Einheit von H_γ gleich 10^6 m $= 10^3$ km und führen wir c in geopotentiellen Einheiten (u. g. p.) ein, so folgt

$$\Delta g_F = g_\sigma + 2c\,\overline{H}_\gamma + 2\omega^2 h_0 - \gamma_{\varepsilon_0}. \tag{38}$$

Δg_F läßt sich also ohne irgendeine Hypothese über die Verteilung der Dichte in der Erdkruste und überhaupt im Erdinnern bestimmen.

Üblicherweise setzt man in (38)

$$2\omega^2 h_0 \cong 0,$$

$$2c\,\overline{H}_\gamma \cong 2\frac{G}{R}h_0.$$

Wir wollen noch untersuchen, wie groß der Fehler der letzten Gleichung ist.

Setzen wir also

$$c \cong \gamma_0\left(1 + \beta\sin^2\varphi - \frac{1}{R}h_0\right)h_0,$$

$$\overline{H}_\gamma \cong H_{\gamma_{\varepsilon_0}}\left(1 - \frac{h_0}{2R}\right) \cong \frac{1}{2}\left(\frac{1}{M} + \frac{1}{N}\right)\left(1 - \frac{h_0}{2R}\right) = \frac{1}{N}\left(1 + \mathfrak{a}\cos^2\varphi - \frac{h_0}{2R}\right) = \frac{1}{c^*}\left(1 + 2\mathfrak{a}\cos^2\varphi - \frac{h_0}{2R}\right).$$

M, N sind die Hauptkrümmungsradien, c^* der Polarkrümmungsradius des Ellipsoides ε_0.

So folgt

$$c\,\overline{H}_\gamma = \gamma_0 \frac{1}{c^*} h_0 \left(1 + 2\,\mathfrak{a} \cos^2 \varphi + \beta \sin^2 \varphi - \frac{3\,h_0}{2\,R}\right),$$

$$\mathfrak{a} \doteq \frac{1}{297} \qquad\qquad \beta = 0{,}005\,288\,4\,.$$

Der Wert der Klammer

$$(1 + 2\,\mathfrak{a} \cos^2 \varphi + \beta \sin^2 \varphi) = 1 + 2\,\mathfrak{a} + \sin^2 \varphi\,(\beta - 2\,\mathfrak{a})$$

liegt zwischen

$$1 + 2\,\mathfrak{a} = 1{,}0067$$

und

$$1 + \beta \quad = 1{,}0053\,;$$

er ändert sich also systematisch — als Funktion von der geographischen Breite — maximal um 0,14%, während er bei der üblichen Freiluftreduktion als konstant angesehen wird.

Ersetzen wir in der Formel für die geopotentielle Kote den Mittelwert der tatsächlichen Schwere durch den Mittelwert der „normalen" Schwere

$$c = \overline{g}\,h_0 \cong \overline{\gamma}\,h_0\,.$$

Wir lassen dabei in c einen relativen Fehler von der Größenordnung ca. 10^{-4} zu. Approximiert die Abplattung des Ellipsoids ε_0 in genügendem Maße die des mittleren Erdellipsoids, so werden die Differenzen

$$\overline{g} - \gamma\,,$$

global gesehen, im wesentlichen zufälligen und nicht systematischen Charakter haben und praktisch keinen Einfluß auf die aus ihnen bestimmten Geoidundulationen nehmen. Also

$$2\,c\,\overline{H}_\gamma \cong 2\,\gamma\,\overline{H}_\gamma\,h_0$$

und

$$2\,c\,\overline{H}_\gamma + 2\,\omega^2\,h_0 \cong \Xi\,h_0\,,$$

$$\Delta g_F = g_\sigma - \gamma_{\varepsilon_0} + \Xi\,h_{0\,(\text{Meter})}\,. \tag{38a}$$

Ξ ergibt sich nach Obigem wie folgt

$$\Xi = 2\,\overline{\gamma}\,\overline{H}_\gamma + 2\,\omega^2$$

$$\Xi = 2\,\gamma_0 \frac{1}{c^*}\left[1 + \mathfrak{a} + \frac{1}{2}\beta - \cos 2\,\varphi \left(\frac{1}{2}\beta - \mathfrak{a}\right) - \frac{3\,h_0}{2\,R}\right] + 2\,\omega^2\,.$$

Mit den Werten

$$\gamma_0 = 978\,049 \text{ mgal} \qquad \text{(Internat. Schwereformel)}$$

$$c^* = 6\,399\,937 \text{ m} \qquad \text{(Internat. Ellipsoid)}$$

$$\omega = 7{,}292\,116\;\;10^{-5}\text{ sec}^{-1}$$

erhalten wir, vgl. G. D. Garland [23] a. a. O. Gleichung (17.3), ferner E. A. Ansel [24] a. a. O. Seite 687, [27]:

$$\Xi = +\,0{,}308\,54 + 0{,}000\,22 \cos 2\,\varphi - 0{,}000\,072\,h_{0\,(\text{km})}\,. \tag{38b}$$

In (38a) sind g_σ, γ_{ε_0}, Δg_F in Milligal einzusetzen. h_0 in (38a) ist in Metern, in (38b) in Kilometern zu wählen.

II

Wir zerlegen T_σ, (36), in zwei Teile

$$T_\sigma = T_{\sigma.1} + T_{\sigma.2} \, . \tag{39}$$

So erhalten wir, indem wir noch anzeigen, daß $\Phi_1 \ldots \Phi_6$ von N_σ abhängig ist

$$T_{\sigma.1} = \frac{1}{2\pi} \iint_\varepsilon \frac{1}{r} \Delta g^* \left(1 + 2 \frac{h}{R}\right) d\varepsilon + \frac{1}{2\pi} \iint_\varepsilon \frac{1}{r} \left[2 H_{\gamma_{\varepsilon_0}} + 2 \omega^2 \frac{1}{G} + \frac{\cos(r, \gamma)}{r}\right] T_{\sigma.1} \, d\varepsilon \, , \tag{40}$$

$$T_{\sigma.2} = \frac{1}{2\pi} \iint_\varepsilon \frac{1}{r} \left[2 H_{\gamma_{\varepsilon_0}} + 2 \omega^2 \frac{1}{G} + \frac{\cos(r, \gamma)}{r}\right] T_{\sigma.2} \, d\varepsilon + G \sum_1^6 \Phi_n(N_\sigma) \, . \tag{41}$$

Für N_σ können wir in (41) in genügender Annäherung

$$N_\sigma \approx \frac{1}{G} T_{\sigma.1}$$

setzen.

$T_{\sigma.2}$ hat die Bedeutung einer kleinen an $T_{\sigma.1}$ anzubringenden Verbesserung.

Die Geoidundulation N_σ ergibt sich aus (39) für alle Zwecke genügend streng nach folgender Formel

$$N_\sigma = \frac{T_\sigma}{\gamma_\sigma} = \frac{T_{\sigma.1}}{\gamma_\sigma} + \frac{T_{\sigma.2}}{G} = N_{\sigma.1} + N_{\sigma.2} \, . \tag{42}$$

Für $N_{\sigma.2}$ folgt mit (41)

$$N_{\sigma.2} \cong \frac{1}{2\pi} \iint_\varepsilon \frac{1}{r} \left[2 H_{\gamma_{\varepsilon_0}} + \frac{\cos(r, \gamma)}{r}\right] N_{\sigma.2} \, d\varepsilon + \sum_1^6 \Phi_n(N_{\sigma.1}) \, . \tag{43}$$

III

Wir wollen uns jetzt speziell der Gleichung (40) zuwenden.

Entartet unsere Bezugsfläche — das Ellipsoid ε — in eine Kugel, so wird $T_{\sigma.1}$ nach (40) um einen relativen Fehler von der Größenordnung der Abplattung $\frac{1}{297}$ verfälscht. Bei einer Kugel mit dem Radius R als Bezugsfläche gilt

$$'H_{\gamma_{\varepsilon_0}} \to \frac{1}{R}, \qquad \frac{\cos(r, \gamma)}{r} \to -\frac{1}{2R}, \qquad d\varepsilon \to d\varkappa . \tag{44}$$

(40) und (44) ergeben mit $\omega^2 \cong 0$

$$T_{\sigma.1} = \frac{1}{2\pi} \iint\limits_{\varkappa} \frac{1}{r} \Delta g^* \left(1 + 2\frac{h}{R}\right) d\varkappa + \frac{3}{4\pi R} \iint\limits_{\varkappa} \frac{1}{r} T_{\sigma.1}\, d\varkappa . \tag{45}$$

Mit Hilfe von Kugelfunktionen erhalten wir die Stokessche Formel:

$$T_{\sigma.1}(P_2) = \sum_{n=0}^{\infty} Y_n(\vartheta_2, \lambda_2) = \sum_{n=0}^{\infty} \sum_{\nu=0}^{n} (a_{n\nu} \cos \nu\lambda_2 + b_{n\nu} \sin \nu\lambda_2)\, P_n^\nu(\vartheta_2) , \tag{45a}$$

$$\begin{matrix} a_{n\nu} \\ b_{n\nu} \end{matrix} = \frac{2n+1}{4\pi} \lambda_{n\nu} \int\limits_0^{\pi} \int\limits_0^{2\pi} T_{\sigma.1}(P_1) \begin{matrix} \cos \nu\lambda_1 \\ \sin \nu\lambda_1 \end{matrix} P_n^\nu(\vartheta_1) \sin\vartheta_1\, d\vartheta_1\, d\lambda_1 ,$$

Y_n: Allgemeine Kugelfunktionen

$$\frac{1}{r(P_2, P_1)} = \frac{1}{R} \sum_{n=0}^{\infty} \sum_{\nu=0}^{n} \lambda_{n\nu} \left[P_n^\nu(\vartheta_1) \cos\nu\lambda_1 \cos\nu\lambda_2 + P_n^\nu(\vartheta_1) \sin\nu\lambda_1 \sin\nu\lambda_2\right] P_n^\nu(\vartheta_2)$$

$$\lambda_{n\nu} = 1 \qquad \text{wenn} \qquad \nu = 0$$

$$\lambda_{n\nu} = 2\frac{(n-\nu)!}{(n+\nu)!} \qquad \text{wenn} \qquad \nu = 1, 2, \ldots n$$

$$\frac{3}{4\pi R} \iint\limits_{\varkappa} \frac{1}{r} T_{\sigma.1}(P_1)\, d\varkappa = \sum_{n=0}^{\infty} \frac{3}{2n+1} Y_n(\vartheta_2, \lambda_2) . \tag{45b}$$

Setzen wir dies in (45) ein, so ist

$$2\sum_{n=0}^{\infty} \frac{n-1}{1+2n} Y_n(\vartheta_2, \lambda_2) = \frac{1}{2\pi} \iint\limits_{\varkappa} \frac{1}{r} \Delta g^* \left(1 + 2\frac{h}{R}\right) d\varkappa = \frac{1}{2\pi R} \sum_{n=0}^{\infty} \overline{Y}_n ,$$

$$T_{\sigma.1} = \sum_{n=0}^{\infty} Y_n(\vartheta_2, \lambda_2) = \frac{1}{4\pi R} \sum_{n=0}^{\infty} \frac{1+2n}{n-1} \overline{Y}_n .$$

Unter der Voraussetzung, daß in $\Delta g^* \left(1 + 2\frac{h}{R}\right)$ die Kugelfunktionen 0. und 1. Ordnung nicht existieren, was bei bekannten Voraussetzungen approximativ zutreffend ist, [6], folgt

$$T_{\sigma.1} = \frac{1}{4\pi R} \sum_{n=2}^{\infty} \frac{1+2n}{n-1} \overline{Y}_n ,$$

$$\overline{Y}_n = \iint\limits_{\varkappa} \Delta g^* \left(1 + 2\frac{h}{R}\right) P_n(\psi)\, d\varkappa ,$$

$$T_{\sigma.1} = \frac{1}{4\pi R} \iint\limits_{\varkappa} \Delta g^* \left(1 + 2\frac{h}{R}\right) \sum_{n=2}^{\infty} \frac{1+2n}{n-1} P_n(\psi)\, d\varkappa ,$$

$$N_{\sigma.1} = \frac{R}{4\pi\gamma_\sigma} \int\limits_{\lambda=0}^{2\pi} d\lambda \int\limits_{\psi=0}^{\pi} \Delta g^* \left(1 + 2\frac{h}{R}\right) S_T(\psi) \sin\psi\, d\psi , \tag{46}$$

$$\Delta g^* = \Delta g_F + \Theta_\sigma G \operatorname{tg}(\gamma, n) \cos(\alpha - A) .$$

IV

Wenden wir uns noch einmal der Gleichung (40) zu.

$$T_{\sigma.1} = \frac{1}{2\pi} \iint\limits_{\varepsilon} \frac{1}{r_\varepsilon} \Delta g^* \left(1 + 2\frac{h}{R}\right) d\varepsilon + \frac{1}{2\pi} \iint\limits_{\varepsilon} \frac{1}{r_\varepsilon} \left[2 H_{\gamma_{\varepsilon_0}} + \frac{\cos(r,\gamma)}{r}\right]_\varepsilon T_{\sigma.1}\, d\varepsilon + \frac{\omega^2}{\pi} \iint\limits_{\varepsilon} \frac{1}{r_\varepsilon} N_{\varepsilon_0}\, d\varepsilon$$

und für die mittlere Erdkugel $\varkappa$, vgl. Bild 4:

$$T^*_{\sigma.1} = \frac{1}{2\pi} \iint\limits_{\varkappa} \frac{1}{r_\varkappa} \Delta g^* \left(1 + 2\frac{h}{R}\right) d\varkappa + \frac{1}{2\pi} \iint\limits_{\varkappa} \frac{1}{r_\varkappa} \frac{3}{2} \frac{1}{R} T^*_{\sigma.1}\, d\varkappa .$$

Setzen wir

$$\frac{1}{r_\varkappa} \cdot \frac{3}{2} \cdot \frac{1}{R} = f_1 ,$$

$$\frac{1}{r_\varepsilon} \left[2 H_{\gamma_{\varepsilon_0}} + \frac{\cos(r,\gamma)}{r}\right]_\varepsilon = f_1 + f_2 .$$

So folgt mit

$$\Delta T_{\sigma.1} = T_{\sigma.1} - T^*_{\sigma.1} ,$$

$$\Delta T_{\sigma.1} \cong \frac{1}{2\pi} \iint \left[\frac{1}{r_\varepsilon} d\varepsilon - \frac{1}{r_\varkappa} d\varkappa\right] \Delta g^* \left(1 + 2\frac{h}{R}\right) + \frac{1}{2\pi} \iint [(f_1 + f_2)\, d\varepsilon\, T_{\sigma.1} - f_1 T^*_{\sigma.1}\, d\varkappa] + \frac{\omega^2}{\pi} \iint \frac{1}{r_\varkappa} N_{\varepsilon_0} d\varkappa .$$

Setzen wir

$$d\varepsilon = d\varkappa\, (1 + \Pi) = d\varkappa + \Pi\, d\varkappa .$$

In erster Annäherung wollen wir Π als nur vom Punkt P_1 und nicht vom Aufpunkt P_2 abhängig betrachten. Der dabei in Π begangene Fehler dürfte im Mittel 10% nicht übersteigen.

Mit

$$T_{\sigma.1} \cong T^*_{\sigma.1} \cong G\, N^*_{\sigma.1} ,$$

$$N_{\varepsilon_0} \cong N^*_{\sigma.1} ,$$

folgt

$$\Delta T_{\sigma.1} \cong \frac{1}{2\pi} \iint\limits_{\varkappa} \left[\frac{1}{r_\varepsilon} - \frac{1}{r_\varkappa}\right] \Delta g^*\, d\varkappa + \frac{1}{2\pi} \iint\limits_{\varkappa} f_2\, T^*_{\sigma.1}\, d\varkappa + \frac{1}{2\pi} \iint\limits_{\varkappa} f_1\, \Delta T_{\sigma.1}\, d\varkappa$$

$$+ \frac{1}{2\pi} \iint\limits_{\varkappa} \frac{1}{r_\varkappa} \Pi\, \Delta g^*\, d\varkappa + \frac{1}{2\pi} \iint\limits_{\varkappa} f_1\, \Pi\, T^*_{\sigma.1}\, d\varkappa + \frac{\omega^2}{\pi} \iint\limits_{\varkappa} \frac{1}{r_\varkappa} N^*_{\sigma.1}\, d\varkappa .$$

Es ist dabei zu berücksichtigen, daß das Ellipsoid ε mit dem Aufpunkt P_2 variiert.

Diese letzte Gleichung läßt sich durch eine Kugelfunktionsentwicklung lösen.

Es mögen nämlich die beiden Kugelfunktionsentwicklungen gelten

$$\sum_{n=0}^{\infty} {}_1S_n = \frac{1}{2\pi} \iint \left[\frac{1}{r_\varepsilon} - \frac{1}{r_\varkappa}\right] \Delta g^*\, d\varkappa ,$$

$$\sum_{n=0}^{\infty} {}_2S_n = \frac{1}{2\pi} \iint f_2\, T^*_{\sigma.1}\, d\varkappa .$$

Es ist ferner

$$\frac{1}{r_\varkappa} = \frac{1}{R} \sum_{n=0}^{\infty} P_n(\cos\psi) .$$

Setzen wir auch

$$\Delta T_{\sigma.1} = \sum_{n=0}^{\infty} {}_3S_n ,$$

so folgt

$$2 \sum_{n=0}^{\infty} \frac{n-1}{1+2n}\, {}_3S_n = \sum_{n=0}^{\infty} {}_1S_n + \sum_{n=0}^{\infty} {}_2S_n + \frac{1}{2\pi R} \iint \Pi\, \Delta g^* \sum_{n=0}^{\infty} P_n\, d\varkappa +$$

$$+ \frac{3G}{4\pi R^2} \iint \Pi\, N^*_{\sigma.1} \sum_{n=0}^{\infty} P_n\, d\varkappa + \frac{\omega^2}{\pi R} \iint N^*_{\sigma.1} \sum_{n=0}^{\infty} P_n\, d\varkappa\,, \tag{46a}$$

$$\Delta T_{\sigma.1} = \frac{1}{2} \sum_{n=0}^{\infty} \frac{1+2n}{n-1} ({}_1S_n + {}_2S_n) +$$

$$+ \iint \sum_{n=0}^{\infty} \frac{1+2n}{n-1} P_n(\cos\psi) \left[\frac{1}{4\pi R} \Pi\, \Delta g^* + \frac{3G}{8\pi R^2} \Pi\, N^*_{\sigma.1} + \frac{\omega^2}{2\pi R} N^*_{\sigma.1}\right] d\varkappa\,,$$

$$\Delta T_{\sigma.1} = \frac{1}{2} \sum_{n=0}^{\infty} \frac{1+2n}{n-1} ({}_1S_n + {}_2S_n) +$$

$$+ \iint S_T(\psi) \left[\frac{1}{4\pi R} \Pi\, \Delta g^* + \frac{3G}{8\pi R^2} \Pi\, N^*_{\sigma.1} + \frac{\omega^2}{2\pi R} N^*_{\sigma.1}\right] d\varkappa\,. \tag{46b}$$

Wir können diesen Weg zur Bestimmung von $\Delta T_{\sigma.1}$ noch etwas modifizieren, indem wir dann nicht alle Kugelfunktionen, sondern nur die bis etwa zur 9. Ordnung benötigen.

Für die linke Seite der Gleichung (46a) können wir nämlich schreiben

$$\sum_{n=0}^{\infty} {}_3S_n \left[1 - \frac{3}{2n+1}\right] \cong \Delta T_{\sigma.1} - \sum_{n=0}^{9} {}_3S_n \frac{3}{2n+1}\,, \tag{46c}$$

indem wir durch die Vernachlässigung von

$$\sum_{n=10}^{\infty} {}_3S_n \frac{3}{2n+1}$$

einen Fehler von weniger als 14% begehen.

Die in (46c) erscheinenden Kugelfunktionen

$${}_3S_n \qquad n = 0, 1, 2, \ldots, 9$$

lassen sich aus (46a) bestimmen.

Es kann natürlich eingewendet werden, man würde die Ellipsoide ε und damit die Größen $\frac{1}{r_\varepsilon(P_2, P_1)}$, $f_2(P_2, P_1)$, $\Pi(P_2, P_1)$ in aller Strenge gar nicht kennen, und folglich würde man auch die Größe $\Delta T_{\sigma.1}$ gar nicht einwandfrei berechnen können. Die Ellipsoide ε enthalten ja per definitionem die Aufpunkte P_2 und sind darüber hinaus in möglichst hoher Annäherung Parallelflächen zum Geoid. Dieses wird aber durch das mittlere Erdellipsoid und die Geoidundulationen bestimmt. Die dabei auch heute noch vorhandene Unsicherheit im Verlauf der Geoidfläche (absolut im Raum und nicht relativ zum mittleren Erdellipsoid), wollen wir mit $\pm$ 200 m veranschlagen.

Diese Unsicherheit in der Kenntnis der Geoidfläche pflanzt sich natürlich auf $\frac{1}{r_\varepsilon(P_2, P_1)}$, $f_2(P_2, P_1)$, $\Pi(P_2, P_1)$ und schließlich auf $T_{\sigma.1}(P_2)$ fort. Die ungefähre Größe dieses Fehlers in $T_{\sigma.1}(P_2)$ läßt sich leicht abschätzen.

Geht man nämlich vom Erdellipsoid auf die mittlere Erdkugel über, so ist der relative Fehler in $T_{\sigma.1}$ bekanntlich von der Größenordnung

$$\frac{a-b}{a} \cong \frac{21\ \text{km}}{6378\ \text{km}} \cong \frac{1}{297}\,,$$

a, b: große, kleine Halbachse.

Hat man also in den Dimensionen der Ellipsoide ε einen Fehler von ca. 200 m, so dürfte $T_{\sigma.1}$ dadurch um den relativen Fehler

$$\frac{0{,}2\ \text{km}}{6378\ \text{km}} \cong 3 \cdot 10^{-5}$$

verändert werden.

Die Undulationen des Geoids werden also nur um weniger als 1 cm verfälscht.

Die von SAGREBIN (Publ. d. Inst. f. theor. Astronomie, Leningrad, 1952, Ausgabe I, S. 87—222) angegebenen Formeln für die elliptische Verbesserung der auf die regularisierte Erde bezogenen STOKESschen Formel lassen sich auf unseren Fall nicht ohne weiteres anwenden; denn wir haben keine Regularisierung der Erde vorgenommen.

In diesem Zusammenhang sei auch darauf hingewiesen, daß SAGREBINS Formeln für die regularisierte Erde nicht einwandfrei sind.

Der von SAGREBIN angegebene geschlossene Ausdruck, Gl. (82) a. a. O.,

$$\varphi_2(\psi) = 1 - 2 \sin \frac{\psi}{2} + 2 \sin^2 \frac{\psi}{2} \ln \left(\sin \frac{\psi}{2} + \sin^2 \frac{\psi}{2} \right)$$

ist nämlich nicht identisch mit, Gl. (66) a. a. O.,

$$\varphi_2(\psi) = \sum_{n=2}^{\infty} \frac{1}{(n-1)^2} P_n(\cos \psi) ,$$

wie man sich leicht überzeugt.

Der von SAGREBIN angegebene unrichtige Ausdruck für $\varphi_2(\psi)$ geht nicht nur direkt, sondern auch nach einmaliger und zweimaliger Differentiation in die Formeln für die elliptische Verbesserung ein.

Gleichung (41) wird mit (42), (44), (45)

$$N_{\sigma.2} = \frac{3}{4\,\pi\,R} \iint\limits_{\varkappa} \frac{1}{r}\, N_{\sigma.2}\, d\varkappa + \sum_1^6 \Phi_n(N_\sigma)\,. \tag{46d}$$

In (41), (46d) bedeutet es keine nennenswerte Genauigkeitsminderung, wenn wir statt des Ellipsoids ε_0 die mittlere Erdkugel einführen.

Das erste Glied auf der rechten Seite der Gleichung (46d) ist von besonderem Interesse.

$$\frac{3}{4\,\pi\,R} \iint\limits_{\varkappa} \frac{1}{r}\, N_{\sigma.2}\, d\varkappa\,. \tag{47}$$

Um $N_{\sigma.2}$ aus (46d) zu berechnen, muß man also eben diesen gesuchten Wert bereits auf der ganzen Erdoberfläche kennen.

Wir werden nun den Mittelwert von (47) untersuchen und finden, daß dieser Wert unter gewissen Voraussetzungen niemals 1 cm übersteigt.

Weil r die beiden Punkte P_1 und P_2 verbindet, können wir schreiben

$$N_{\sigma.2}(P_2) = \frac{3}{4\,\pi\,R} \iint\limits_{\varkappa_1} N_{\sigma.2}(P_1)\, \frac{1}{r(P_1, P_2)}\, d\varkappa_1 + \sum_1^6 \Phi_n(P_2)\,. \tag{48}$$

Hieraus folgt

$$\iint\limits_{\varkappa_2} N_{\sigma.2}(P_2)\, d\varkappa_2 = \frac{3}{4\,\pi\,R} \iint\limits_{\varkappa_2} d\varkappa_2 \iint\limits_{\varkappa_1} N_{\sigma.2}(P_1)\, \frac{1}{r(P_1, P_2)}\, d\varkappa_1 + \iint\limits_{\varkappa_2} \sum_1^6 \Phi_n(P_2)\, d\varkappa_2\,.$$

Bezeichnen wir mit einem Querstrich den über die gesamte Erdkugel genommenen Mittelwert, so folgt

$$4\,\pi\,R^2\, \overline{N}_{\sigma.2} = \frac{3}{4\,\pi\,R} \iint\limits_{\varkappa_1} N_{\sigma.2}(P_1)\, d\varkappa_1 \iint\limits_{\varkappa_2} \frac{1}{r(P_1, P_2)}\, d\varkappa_2 + 4\,\pi\,R^2\, \overline{\sum_1^6 \Phi_n}\,.$$

Nun gilt

$$r = 2\,R \sin\frac{\vartheta}{2}\,,$$

wenn ϑ der sphärische Abstand zwischen den Punkten P_1 und P_2 ist.

Mit

$$d\varkappa_2 = R^2 \sin\vartheta\, d\vartheta\, d\lambda$$

folgt

$$4\,\pi\,R^2\, \overline{N}_{\sigma.2} - \frac{3}{4\,\pi} \iint\limits_{\varkappa_1} N_{\sigma.2}(P_1)\, d\varkappa_1 \iint\limits_{\varkappa_2} \cos\frac{\vartheta}{2}\, d\vartheta\, d\lambda = 4\,\pi\,R^2\, \overline{\sum_1^6 \Phi_n}\,,$$

$$4\,\pi\,R^2\, \overline{N}_{\sigma.2} - 3 \iint\limits_{\varkappa_1} N_{\sigma.2}(P_1)\, d\varkappa_1 = 4\,\pi\,R^2\, \overline{\sum_1^6 \Phi_n}\,,$$

$$\overline{N}_{\sigma.2} = -\frac{1}{2}\, \overline{\sum_1^6 \Phi_n}\,.$$

Der über die Erdoberfläche genommene Mittelwert des Integrals

$$\frac{3}{4\,\pi\,R} \iint\limits_{\varkappa} N_{\sigma.2}\, \frac{1}{r}\, d\varkappa$$

beträgt also

$$3\,\overline{N}_{\sigma.2} = -\frac{3}{2}\overline{\sum_1^6 \Phi_n}.$$

Die mittlere Höhe des Festlandes über dem Meere beträgt ca. 875 m, [7], und das Festland hat an der Erdoberfläche einen Anteil von ca. 30%. Nehmen wir an, daß $\sum_1^6 \Phi_n$ für Aufpunkte in 875 m Höhe 0,1 m nicht übersteigt, so folgt

$$\left|\overline{\sum_1^6 \Phi_n}\right| < 0{,}03\ \text{m}$$

und als Mittelwert des zur Rede stehenden Integrals

$$\left|3\,\overline{\overline{N}}_{\sigma.2}\right| < 0{,}045\ \text{m}\,. \tag{49}$$

Aus den Gleichungen (27a) bis (27e), (35) erkennen wir, daß das Vorzeichen der Werte $\Phi_1 \cdots \Phi_6$ nicht nur durch den Höhenunterschied h gegenüber dem Aufpunkt P_2, sondern auch durch die genäherten Undulationen an der Oberfläche N_σ und durch die Freiluftanomalien Δg_F bestimmt wird. Global gesehen sind die Werte N_σ und Δg_F sowohl positiv als auch negativ. Daraus folgt mit Sicherheit, daß das Integral

$$\frac{3}{4\pi R}\iint_\varkappa N_{\sigma.2}\frac{1}{r}\,d\varkappa = 3\,\overline{\overline{N}}_{\sigma.2}$$

bei den für Gleichung (49) gemachten Voraussetzungen noch wesentlich kleiner ist als 0,045 m.

Die Richtigkeit dieser Behauptung wollen wir durch eine kurze Überschlagsrechnung plausibel machen. Das gesuchte Integral ist nämlich nach Obigem genähert gleich

$$\frac{3}{4\pi R^2}\iint_\varkappa N_{\sigma.2}\,d\varkappa$$

$N_{\sigma.2}$ sei auf den Ozeanen gleich Null. Auf den Kontinenten habe es eine derartige Verteilung seiner Werte, daß die über gleichgroße Flächenelemente $\Delta\varkappa$ erstreckten Mittelwerte von $N_{\sigma.2}$ — nämlich $\overline{\overline{N}}_{\sigma.2}$ — als voneinander stochastisch unabhängig im Sinne der Fehlertheorie und math. Statistik betrachtet werden können. $\Delta\varkappa$ betrage ein Hundertstel der Kugelfläche

$$\Delta\varkappa = 4\pi R^2 \cdot 10^{-2}.$$

So folgt

$$\frac{3}{4\pi R^2}\iint_{\text{Ozeane}} N_{\sigma.2}\,d\varkappa + \frac{3}{4\pi R^2}\iint_{\text{Kontinente}} N_{\sigma.2}\,d\varkappa = \frac{3}{4\pi R^2}\iint_{\text{Kontinente}} N_{\ .2}\,d\varkappa$$

$$= 3\cdot 10^{-2}\left(\pm\,{}_1\overline{\overline{N}}_{\sigma.2} \pm {}_2\overline{\overline{N}}_{\sigma.2} \pm \cdots \pm {}_{30}\overline{\overline{N}}_{\sigma.2}\right) = 3\sqrt{30}\cdot 10^{-2}\,\overline{\overline{N}}_{\sigma.2}$$

und mit

$$\left|\overline{\overline{N}}_{\sigma.2}\right| \leq 5\ \text{cm}$$

folgt

$$3\sqrt{30}\cdot 10^{-2}\,\overline{\overline{N}}_{\sigma.2} < 0{,}8\ \text{cm}\,.$$

Wenn in der unmittelbaren Umgebung des Aufpunktes P_2 $N_{\sigma.2}$ extreme Werte erreicht, so hat dieser Umstand auf das Integral (47) einen Einfluß, der durchaus nicht an eben diese extremen Werte heranreicht. Es sei also $N_{\sigma.2}$ im Umkreis von $r_1 = 100$ km um P_2 im Mittel gleich 0,2 m, so folgt nämlich

$$\frac{3}{4\pi R}\iint_{\varkappa_1}\frac{1}{r}N_{\sigma.2}\,d\varkappa = \frac{3}{4\pi R}\int_{\lambda=0}^{2\pi}d\lambda\int_{r=0}^{r_1}N_{\sigma.2}\,dr = \frac{3\,\overline{N}_{\sigma.2}}{2\,R}\,r_1 = 0{,}0047\ \text{m}\,.$$

Der Einfluß extremer Werte von $N_{\sigma.2}$ im Umkreis von 100 km wird also auf den vierzigsten Teil dieser extremen Werte herabgemindert.

$N_{\sigma.2}$ wird gegebenenfalls nur in solchen Punkten zu bestimmen sein, in denen dieser Wert maximale Beträge erreicht. In diesen Punkten wird $N_{\sigma.2}$ über $3\,\overline{N}_{\sigma.2}$ wesentlich dominieren und nach folgender Gleichung zu bestimmen sein

$$N_{\sigma.2} \cong \sum_{1}^{6} \Phi_n(N_{\sigma.1}) . \tag{50}$$

Gleichung (46d) läßt sich natürlich durch eine Kugelfunktionsentwicklung in aller Strenge lösen.

Mit Gleichung (50) wollen wir noch eine andere Überlegung verbinden.

Machen wir für $N_{\sigma.2}$ die Kugelfunktionsentwicklung

$$N_{\sigma.2} = \sum_{m=0}^{\infty} Y_m^N , \tag{50a}$$

so folgt mit (45a), (45b)

$$\frac{3}{4\pi R} \iint \frac{1}{r} N_{\sigma.2}\, d\varkappa = \sum_{m=0}^{\infty} \frac{3}{2m+1} Y_m^N . \tag{50b}$$

Setzen wir (50a), (50b) in (46d) ein, so wird

$$\sum_{m=0}^{\infty} Y_m^N \left[1 - \frac{3}{2m+1}\right] = \sum_{1}^{6} \Phi_n(N_\sigma) . \tag{50c}$$

Wenn $m \geqq 10$, so bewirkt die Vernachlässigung des zweiten Gliedes in der Klammer auf der linken Seite von (50c) einen relativen Fehler in

$$\sum_{m=10}^{\infty} Y_m^N \left[1 - \frac{3}{2m+1}\right], \tag{50d}$$

der kleiner ist als

$$\frac{3}{21} = \frac{1}{7} \cong 14\% . \tag{50e}$$

Ist also die Kugelfunktionsentwickelung (50a) so gestaltet, daß

$$\sum_{m=0}^{9} \frac{3}{2m+1} Y_m^N \tag{50f}$$

und ein relativer Fehler von 14% in (50d) vernachlässigt werden können, so hat man

$$N_{\sigma.2} \cong \sum_{1}^{6} \Phi_n(N_\sigma) . \tag{50g}$$

VI

Aus der nach (42), (46), (46a), (50) zu bestimmenden Undulation

$$N_\sigma = N_{\sigma.1} + N_{\sigma.2} \tag{51}$$

läßt sich leicht der auf das Geoid bezogene Wert N_{ε_0} errechnen.

Wir erhalten mit (29)

$$\gamma_\sigma N_\sigma = -(\bar{g} - \bar{\gamma})\, h_0 + \gamma N_{\varepsilon_0}, \tag{52}$$

$$N_{\varepsilon_0} = \frac{\gamma_\sigma}{\bar{\gamma}} N_\sigma + \frac{\bar{g} - \bar{\gamma}}{\bar{\gamma}} h_0 \cong N_\sigma + \frac{1}{G}(\bar{g} - \bar{\gamma})\, h_0 - \frac{h_0}{R} N_{\sigma.1}. \tag{53}$$

Der Betrag

$$\frac{\bar{g} - \bar{\gamma}}{G} h_0 - \frac{h_0}{R} N_{\sigma.1} \tag{54}$$

läßt sich als eine Reduktion von einem Co-Geoid (S_1) auf das Geoid interpretieren, (Bild 5). $\bar{g}$ in (54) muß aus einer Abschätzung der Dichte der Erdmassen bestimmt werden. Der dabei auftretende Fehler wird (54) maximal um nicht mehr als wenige Zentimeter verfälschen. $\bar{g}\, h_0$ läßt sich allerdings hypothesenfrei bestimmen, vgl. (37).

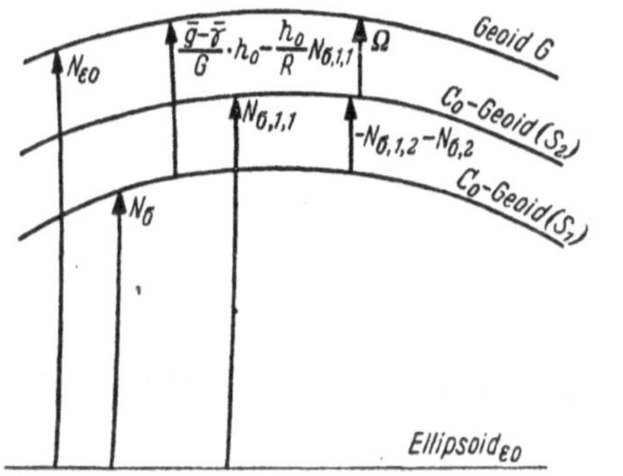

Bild 5

Wir können noch ein zweites Co-Geoid (S_2) einführen. Es ist nämlich mit (51) und (53)

$$N_{\varepsilon_0} = N_{\sigma.1} + N_{\sigma.2} + \frac{\bar{g} - \bar{\gamma}}{G} h_0 - \frac{h_0}{R} N_{\sigma.1}. \tag{55}$$

Zerlegen wir $N_{\sigma.1}$, (46), in 2 Teile

$$N_{\sigma.1} = N_{\sigma.1.1} + N_{\sigma.1.2} \cong N_{\sigma.1.1} \tag{56}$$

mit

$$N_{\sigma.1.1} = \frac{R}{4\pi\gamma_\sigma} \int\limits_{\lambda=0}^{2\pi} d\lambda \int\limits_{\psi=0}^{\pi} \Delta g_F \left(1 + 2\frac{h}{R}\right) S_T(\psi) \sin\psi\, d\psi\,, \tag{57}$$

$$N_{\sigma.1.2} = \frac{R}{4\pi} \int\limits_{\lambda=0}^{2\pi} d\lambda \int\limits_{\psi=0}^{\pi} \Theta_\sigma \operatorname{tg}(\gamma, n)\, S_T(\psi) \cos(\alpha - A) \sin\psi\, d\psi\,. \tag{58}$$

Δg_F in (57) ist im wesentlichen die übliche FAYE-Reduktion und $N_{\sigma.1.1}$ ist im wesentlichen der übliche Wert für die Geoidundulation bei Anwendung der Freiluftreduktion. Setzen wir

$$\Omega = N_{\sigma.1.2} + N_{\sigma.2} + \frac{\bar{g} - \bar{\gamma}}{G} h_0 - \frac{h_0}{R} N_{\sigma.1.1}, \tag{59}$$

so folgt

$$N_{s_0} = N_{\sigma.1.1} + \Omega . \tag{60}$$

Wir können Ω als den Abstand zwischen dem Co-Geoid (S_2) und dem Geoid auffassen.

Die Höhe des Co-Geoids (S_2) über dem Co-Geoid (S_1) ist gleich

$$\frac{\bar{g} - \bar{\gamma}}{G} h_0 - \frac{h_0}{R} N_{\sigma.1.1} - \Omega = - N_{\sigma.1.2} - N_{\sigma.2} . \tag{61}$$

Wir suchen jetzt Formeln zur praktischen Bestimmung der Glieder Φ_1 bis Φ_6, (27a) bis (27e) und (35). Auch die Größenordnung dieser Glieder wollen wir abschätzen.

Beginnen wir mit Φ_2.

Φ_2

Aus (19) folgt

$$\sin(r_\sigma, \gamma) = \sin(r, \gamma)\cos(r_\sigma, r) - \cos(r, \gamma)\sin(r_\sigma, r).$$

So ergibt sich aus (27b), wenn wir beachten (Bild 2), daß

$$\cos\tau \operatorname{tg}(\gamma, n) = \operatorname{tg}\nu_r,$$

$$\Phi_2 = \frac{1}{2\pi}\iint\limits_{\varkappa} N_\sigma \frac{1}{r^2}\left[\sin(r, \gamma)\cos(r_\sigma, r)\left(\operatorname{tg}(r_\sigma, r) - \operatorname{tg}\nu_r\right) + \cos(r, \gamma)\sin(r_\sigma, r)\operatorname{tg}\nu_r\right] d\varkappa. \quad (62)$$

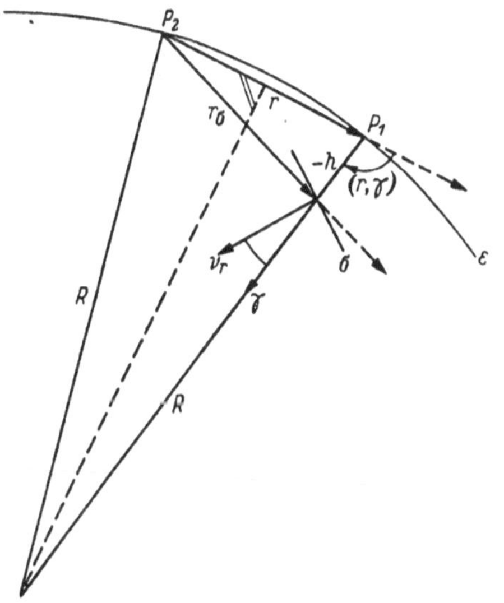

Bild 6

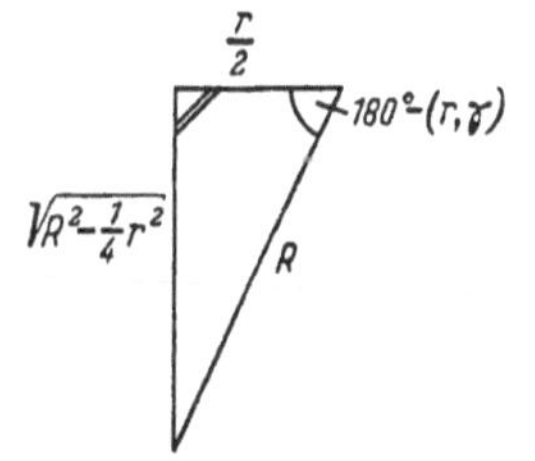

Bild 7

Aus Bild 6, in dem der Winkel (r_σ, r) positiv ist, finden wir

$$\frac{\sin(r_\sigma, r)}{\sin[(r, \gamma) - (r_\sigma, r)]} = -\frac{h}{r}.$$

h ist die Erhebung des variablen Punktes über dem durch den Aufpunkt P_2 gehenden Ellipsoid ε. Für praktische Berechnungen können wir später das Ellipsoid ε durch die den Aufpunkt P_2 enthaltende Parallelfläche zum Geoid ersetzen, indem wir dabei im wesentlichen die Geoidundulationen vernachlässigen.

Setzen wir zur Abkürzung

$$\zeta = \frac{h}{r}, \quad (63)$$

so folgt

$$\sin(r_\sigma, r) = -\zeta\left[\sin(r, \gamma)\cos(r_\sigma, r) - \cos(r, \gamma)\sin(r_\sigma, r)\right]. \quad (64)$$

Wenn ϑ der sphärische Abstand des Punktes P_1 vom Punkte P_2 ist (Bild 6), dann gilt

$$\left.\begin{aligned} \sin(r,\gamma) &= \cos\frac{\vartheta}{2}\,, \\ \cos(r,\gamma) &= -\sin\frac{\vartheta}{2}\,. \end{aligned}\right\} \tag{65}$$

(64) und (65) ergeben

$$\operatorname{tg}(r_\sigma, r)\left[1+\zeta\sin\frac{\vartheta}{2}\right] = -\zeta\cos\frac{\vartheta}{2}\,. \tag{66}$$

Nun ist

$$r = 2\,R\sin\frac{\vartheta}{2}\,. \tag{67}$$

So folgt aus (63), (66) und (67)

$$\operatorname{tg}(r_\sigma, r)\left[1+\frac{h}{2\,R}\right] = -\zeta\cos\frac{\vartheta}{2} \tag{68}$$

und weil

$$\frac{h}{2\,R} \ll 1\,, \tag{69}$$

$$\operatorname{tg}(r_\sigma, r) = -\zeta\cos\frac{\vartheta}{2}\left(1-\frac{h}{2\,R}\right).$$

Wir wollen (63) noch in einer anderen Form angeben. Es ist, wie man leicht findet

$$h \cong -\int_{\vartheta=0}^{R\vartheta} \operatorname{tg}\nu_r\, d(R\,\vartheta) = -R\int_{\vartheta=0}^{\vartheta} \operatorname{tg}\nu_r\, d\vartheta\,. \tag{70}$$

$\operatorname{tg}\nu_r$ ist die Komponente der Geländeneigung in radialer Richtung (Bild 2) und weil mit (67)

$$\left.\begin{aligned} dr &= R\cos\frac{\vartheta}{2}\,d\vartheta\,, \\ d\vartheta &= \frac{dr}{R\cos\frac{\vartheta}{2}} \end{aligned}\right\} \tag{71}$$

ergibt sich

$$h = -\int_{r=0}^{r} \operatorname{tg}\nu_r \frac{1}{\cos\frac{\vartheta}{2}}\,dr\,. \tag{72}$$

Die Differentiation von (63) ergibt in Verbindung mit (72)

$$\frac{\partial\zeta}{\partial r} = -\frac{\zeta}{r} - \frac{1}{r\cos\frac{\vartheta}{2}}\operatorname{tg}\nu_r\,, \tag{73}$$

$$\operatorname{tg}\nu_r = -r\cos\frac{\vartheta}{2}\frac{\partial\zeta}{\partial r} - \zeta\cos\frac{\vartheta}{2}\,. \tag{74}$$

Das folgende in der Gleichung für Φ_2 vorkommende Glied wird also mit (68) und (74)

$$\operatorname{tg}(r_\sigma, r) - \operatorname{tg}\nu_r = \cos\frac{\vartheta}{2}\left[r\frac{\partial\zeta}{\partial r} + \frac{h}{2\,R}\zeta\right]. \tag{75}$$

Die Gleichungen (63) bis (75) gelten für jeden Wert von r.

Φ_2^0

Wir wollen nun für $\sin(r,\gamma)$ und $\cos(r,\gamma)$ Formeln angeben, die nur für kleine r gültig sind.

Aus Bild 7 finden wir:

$$\sin[180° - (r, \gamma)] = \sin(r, \gamma) = \sqrt{\frac{R^2 - \frac{1}{4}r^2}{R^2}} = \sqrt{1 - \frac{1}{4}\frac{r^2}{R^2}}$$

und wenn

$$r \ll R ,$$

$$\sin(r, \gamma) \cong 1 - \frac{1}{8}\frac{r^2}{R^2} , \tag{76}$$

$$\cos(r, \gamma) \cong -\frac{1}{2}\frac{r}{R} .$$

Setzen wir ferner, wenn $r < R$

$$\sin(r, \gamma) \cong 1 ,$$

$$\cos(r_\sigma, r) = \frac{1}{\sqrt{1 + \mathrm{tg}^2(r_\sigma, r)}} = \frac{1}{\sqrt{1 + \zeta^2 \cos^2\frac{\vartheta}{2}\left(1 - \frac{h}{2R}\right)^2}} \cong \frac{1}{\sqrt{1 + \zeta^2}} , \tag{77}$$

$$\sin(r_\sigma, r) = \frac{\mathrm{tg}(r_\sigma, r)}{\sqrt{1 + \mathrm{tg}^2(r_\sigma, r)}} \cong \frac{-\zeta}{\sqrt{1 + \zeta^2}} .$$

So erhalten wir, wenn wir den Umkreis von ca. 1000 km Radius als Integrationsfläche wählen,

$$\Phi_2^\circ = \Phi_{2.1}^\circ + \Phi_{2.2}^\circ + \Phi_{2.3}^\circ , \tag{78}$$

mit den Abkürzungen

$$\Phi_{2.1}^\circ \cong \frac{1}{2\pi}\iint_\varkappa N_\sigma \frac{1}{r}\frac{1}{\sqrt{1 + \zeta^2}}\frac{\partial\zeta}{\partial r}\, d\varkappa , \tag{79}$$

$$\Phi_{2.2}^\circ \cong \frac{1}{4\pi R}\iint_\varkappa N_\sigma \frac{1}{r}\frac{1}{\sqrt{1 + \zeta^2}}\zeta^2\, d\varkappa , \tag{80}$$

$$\Phi_{2.3}^\circ \cong \frac{1}{4\pi R}\iint_\varkappa N_\sigma \frac{1}{r}\frac{\zeta}{\sqrt{1 + \zeta^2}}\mathrm{tg}\,\nu_r\, d\varkappa . \tag{81}$$

Zunächst untersuchen wir $\Phi_{2.1}^\circ$ und setzen in genügender Annäherung

$$d\varkappa = r\, dr\, d\lambda . \tag{82}$$

So ergibt sich

$$\Phi_{2.1}^\circ \cong \frac{1}{2\pi}\int_{\lambda=0}^{2\pi} d\lambda \int_{r=0}^{r_1} N_\sigma \frac{1}{\sqrt{1 + \zeta^2}}\frac{\partial\zeta}{\partial r}\, dr . \tag{83}$$

Im Aufpunkt sei das Gelände horizontal, also

$$r = 0 \rightarrow \zeta = 0 ,$$

in dem durch $\lambda = \lambda_i$ und $\lambda = \lambda_{i+1}$ sowie $\zeta = \zeta_k$ und $\zeta = \zeta_{k+1}$ begrenzten Kompartiment sei $N_\sigma =$ konst.

Wir können dann setzen

$$_{i.k}\Phi_{2.1}^\circ \cong \frac{1}{2\pi} N_{\sigma_{i.k}} \int_{\lambda_i}^{\lambda_{i+1}} d\lambda \int_{\zeta_k}^{\zeta_{k+1}} \frac{1}{\sqrt{1 + \zeta^2}}\frac{\partial\zeta}{\partial r}\, dr .$$

Nun ist

$$\int_{\zeta_k}^{\zeta_{k+1}} \frac{1}{\sqrt{1 + \zeta^2}}\frac{\partial\zeta}{\partial r}\, dr = \ln\left(\zeta + \sqrt{1 + \zeta^2}\right)_{\zeta_k}^{\zeta_{k+1}} .$$

Folglich

$$_{i.k}\Phi_{2.1}^\circ \cong \frac{1}{2\pi} N_{\sigma_{i.k}} (\mu_{k+1} - \mu_k)(\lambda_{i+1} - \lambda_i) . \tag{84}$$

Mit

$$\mu_k = \ln\left(\zeta_k + \sqrt{1+\zeta_k^2}\right) \cong \zeta_k\,. \tag{85}$$

In bezug auf die letzte Gleichung ist die folgende Reihenentwicklung interessant, wenn $\zeta^2 \leqq 1$

$$\mu = \ln\left(\zeta + \sqrt{1+\zeta^2}\right) = \zeta - \frac{1}{6}\zeta^3 + \frac{3}{40}\zeta^5 - + \cdots\,. \tag{86}$$

Ist N_σ im Umkreis mit dem Radius r genügend konstant, so folgt für die Integration über diesen Kreis

$$\Phi_{2.1}^{\circ} = N_\sigma \bar{\zeta}_r = N_\sigma \frac{1}{r} \bar{h}_r\,,$$

$\bar{\zeta}_r$, $\bar{h}_r$ sind über die Peripherie des Kreises genommene Mittelwerte.

$\Phi_{2.2}^{\circ}$ und $\Phi_{2.3}^{\circ}$ betrachten wir gemeinsam.

$$\Phi_{2.2}^{\circ} + \Phi_{2.3}^{\circ} = \frac{1}{4\pi R}\iint N_\sigma \frac{\zeta}{\sqrt{1+\zeta^2}}\left(\zeta + \operatorname{tg}\nu_r\right) dr\, d\lambda\,, \tag{87}$$

$$\Phi_{2.2}^{\circ} + \Phi_{2.3}^{\circ} = -\frac{1}{4\pi R}\iint N_\sigma \frac{\zeta}{\sqrt{1+\zeta^2}}\, r\,\frac{\partial\zeta}{\partial r}\, dr\, d\lambda\,. \tag{88}$$

Es ist

$$\zeta\, r = h$$

und

$$\sqrt{1+\zeta^2} > 1$$

und N_σ sei innerhalb des Kreises mit dem Radius r konstant.

Es sei ferner

$$h^*$$

ein geeigneter Mittelwert für h.

Es folgt für die Integration über den Kreis mit dem Radius r

$$\Phi_{2.2}^{\circ} + \Phi_{2.3}^{\circ} < N_\sigma \frac{h^*}{2R}\bar{\zeta}_{1000} = N_\sigma \frac{h^*}{2R}\frac{\bar{h}_{1000}}{r}$$

mit

$$h^* < 9 \text{ km} \qquad \bar{h}_{1000} < 9 \text{ km}\,, \qquad r = 1000 \text{ km}$$

folgt

$$\Phi_{2.2}^{\circ} + \Phi_{2.3}^{\circ} < N_\sigma\, 0{,}6 \cdot 10^{-5}\,.$$

Ist

$$N_\sigma = 100 \text{ m}\,,$$

so folgt

$$\left|\Phi_{2.2}^{\circ} + \Phi_{2.3}^{\circ}\right| < 0{,}06 \text{ cm}\,. \tag{89}$$

Diesen Wert dürfen wir vernachlässigen.

Wir erhalten also in genügender Annäherung

$$_{i.k}\Phi_2^{\circ} = \frac{1}{2\pi} N_{\sigma_{i.k}} \left(\mu_{k+1} - \mu_k\right)\left(\lambda_{i+1} - \lambda_i\right)\,. \tag{90}$$

Die Gleichung für Φ_2° kann auch etwas anders angegeben werden.

Führen wir bei dem Integral

$$\frac{1}{2\pi}\int\limits_{\lambda=0}^{2\pi} d\lambda \int\limits_{r=0}^{r_1} N_\sigma \frac{1}{\sqrt{1+\zeta^2}}\frac{\partial\zeta}{\partial r}\, dr$$

eine partielle Integration in bezug auf die Variable r durch.

$$v = N_\sigma\,, \qquad dv = \frac{\partial N_\sigma}{\partial r}\, dr\,,$$

$$u = \mu\,, \qquad du = \frac{1}{\sqrt{1+\zeta^2}}\,\frac{\partial \zeta}{\partial r}\, dr\,.$$

So ergibt sich

$$\int\limits_{r=0}^{r_1} N_\sigma \frac{1}{\sqrt{1+\zeta^2}}\,\frac{\partial\zeta}{\partial r}\, dr = [N_\sigma\,\mu]_{r_1} - \int\limits_{r=0}^{r_1} \frac{\partial N_\sigma}{\partial r}\,\mu\, dr\,.$$

Ist $\frac{\partial N_\sigma}{\partial r}$ im Bereich von r_k und r_{k+1} genügend konstant, so folgt

$$\int\limits_{r_k}^{r_{k+1}} \frac{\partial N_\sigma}{\partial r}\,\mu\, dr \cong \frac{\partial N_\sigma}{\partial r}\,\bar{\mu}\,(r_{k+1} - r_k) = (N_{\sigma_{k+1}} - N_{\sigma_k})\,\bar{\mu} \cong (N_{\sigma_{k+1}} - N_{\sigma_k})\,\bar{\zeta}\,. \tag{91}$$

Der Querstrich deutet wieder die Mittelung an.

Gleichung (70) müßte strenger heißen

$$h = -\int\limits_{\vartheta=0}^{R\vartheta} \operatorname{tg}\nu_r \cdot (R+h)\, d\vartheta = -\int\limits_{r=0}^{r} \operatorname{tg}\nu_r\,\frac{1}{\cos\frac{\vartheta}{2}}\left(1+\frac{h}{R}\right) dr\,.$$

Damit wird (73), (74), (75)

$$\frac{\partial\zeta}{\partial r} = -\frac{\zeta}{r} - \frac{1}{r\cos\frac{\vartheta}{2}}\left(1+\frac{h}{R}\right)\operatorname{tg}\nu_r$$

$$\operatorname{tg}\nu_r = \left[-\zeta - r\frac{\partial\zeta}{\partial r}\right]\left(1-\frac{h}{R}\right)\cos\frac{\vartheta}{2}$$

$$\operatorname{tg}(r_\sigma, r) - \operatorname{tg}\nu_r \cong \cos\frac{\vartheta}{2}\left[r\,\frac{\partial\zeta}{\partial r} + \frac{h}{2R}\,\zeta + \operatorname{tg}\nu_r\cdot\frac{h}{R}\right]$$

So folgt, (62):

$$\sin(r,\gamma)\cos(r_\sigma, r)\,(\operatorname{tg}(r_\sigma, r) - \operatorname{tg}\nu_r) \cong \frac{1}{\sqrt{1+\zeta^2}}\left[r\,\frac{\partial\zeta}{\partial r} + \frac{h}{2R}\,\zeta + \operatorname{tg}\nu_r\,\frac{h}{R}\right]$$

$$\cos(r,\gamma)\sin(r_\sigma, r)\operatorname{tg}\nu_r \cong \frac{h}{2R}\,\frac{1}{\sqrt{1+\zeta^2}}\operatorname{tg}\nu_r$$

$$\Phi_2^\circ = \frac{1}{2\pi}\iint N_\sigma\left[\frac{1}{r}\,\frac{\partial\zeta}{\partial r} + \frac{1}{2rR}\,\zeta^2 + \frac{3}{2rR}\operatorname{tg}\nu_r\cdot\zeta\right]\frac{1}{\sqrt{1+\zeta^2}}\, d\varkappa\,.$$

Weil wir (87) vernachlässigen können, erhält $\Phi_{2.2}^\circ + \Phi_{2.3}^\circ$ die Korrektur

$$-\frac{1}{2\pi R}\iint N_\sigma\,\frac{\zeta^2}{\sqrt{1+\zeta^2}}\, dr\, d\lambda\,.$$

So erhalten wir schließlich folgende Formel zur Bestimmung von Φ_2°

$$\Phi_2^\circ = \frac{1}{2\pi}\sum_i\sum_k N_\sigma\,(\mu_{k+1} - \mu_k)\,(\lambda_{i+1} - \lambda_i) -$$

$$- \frac{1}{2\pi R}\sum_i\sum_k N_\sigma\,\frac{\zeta^2}{\sqrt{1+\zeta^2}}\,(r_{k+1} - r_k)\,(\lambda_{i+1} - \lambda_i) \tag{92}$$

$$\Phi_2^\circ = \Phi_{2'}^\circ + \Phi_{2''}^\circ = \frac{1}{2\pi}\sum_i\,[N_\sigma\,\zeta]_{r=1000\,\text{km}}\,(\lambda_{i+1} - \lambda_i) - \frac{1}{2\pi}\sum_i\sum_k \mu\,(N_{\sigma_{k+1}} - N_{\sigma_k})\,(\lambda_{i+1} - \lambda_i) -$$

$$- \frac{1}{2\pi R}\sum_i\sum_k N_\sigma\,\frac{\zeta^2}{\sqrt{1+\zeta^2}}\,(r_{k+1} - r_k)\,(\lambda_{i+1} - \lambda_i)\,. \tag{93}$$

Die Summe in den Gleichungen für Φ_2° ist über den Umkreis von 1000 km zu erstrecken.

Φ_1

Wir wenden uns jetzt der Bestimmung von Φ_1 zu, (27a).

Mit (13) und (20)

$$\cos(r_\sigma, n) = \cos(\gamma, n)\,[\cos(r_\sigma, \gamma) - \sin(r_\sigma, \gamma)\,\mathrm{tg}\,\nu_r]\,,$$

$$\cos(r_\sigma, n) = \cos(\gamma, n)\,[\cos(r, \gamma)\cos(r_\sigma, r) + \sin(r, \gamma)\sin(r_\sigma, r) - \sin(r_\sigma, \gamma)\,\mathrm{tg}\,\nu_r] \tag{94}$$

folgt aus (27a)

$$\Phi_1 = \Phi_{1.1} + \Phi_{1.2} \tag{95}$$

mit den Abkürzungen

$$\Phi_{1.1} = \frac{1}{2\pi}\iint_\varkappa N_\sigma \frac{r^2 - r_\sigma^2}{r^2 r_\sigma^2}\,[\sin(r, \gamma)\sin(r_\sigma, r) - \sin(r_\sigma, \gamma)\,\mathrm{tg}\,\nu_r]\,d\varkappa\,, \tag{96}$$

$$\Phi_{1.2} = \frac{1}{2\pi}\iint_\varkappa N_\sigma \frac{r^2 - r_\sigma^2}{r^2 r_\sigma^2}\cos(r, \gamma)\cos(r_\sigma, r)\,d\varkappa\,. \tag{97}$$

Aus Bild 6 lesen wir ab

$$r_\sigma^2 = h^2 + r^2 - 2\,h\,r\cos(r, \gamma)\,, \tag{98}$$

wegen (65) folgt mit (63)

$$\frac{r^2 - r_\sigma^2}{r^2} = -\zeta^2 - 2\,\zeta\sin\frac{\vartheta}{2} = -\zeta^2 - \frac{h}{R}\,. \tag{99}$$

Es ist auch immer in genügender Annäherung

$$r_\sigma > r\,;$$

denn es ist

$$r_\sigma^2 = r^2\left[1 + \zeta^2 + \frac{h}{R}\right] \tag{100}$$

und weil

$$|h| < 9\ \mathrm{km}$$

wird

$$\left|\frac{h}{R}\right| < 1{,}4 \cdot 10^{-3}\,. \tag{101}$$

So haben wir, wenn wir in Φ_1 einen relativen Fehler von $1{,}4 \cdot 10^{-3}$ vernachlässigen

$$r_\sigma^2 = r^2\,[1 + \zeta^2]\,, \tag{102}$$

$$r_\sigma > r$$

und mit (96), (99), (102):

$$\Phi_{1.1} = -\frac{1}{2\pi}\iint_\varkappa N_\sigma \frac{1}{r^2}\,\frac{\zeta^2 + \dfrac{h}{R}}{1 + \zeta^2}\,[\sin(r, \gamma)\sin(r_\sigma, r) - \sin(r_\sigma, \gamma)\,\mathrm{tg}\,\nu_r]\,d\varkappa\,. \tag{103}$$

Betrachten wir folgendes Glied des letzten Integranden:

$$\frac{\zeta^2 + \dfrac{h}{R}}{1 + \zeta^2}\,.$$

$\dfrac{h}{R}$ ist immer sehr klein. Die maximalen Werte des obigen Gliedes bestimmen sich aus

$$\frac{\zeta^2}{1 + \zeta^2} < 1\,.$$

Wir erhalten also

$$|\Phi_{1.1}| < |\Phi_2|. \tag{104}$$

Φ_1°

Berücksichtigen wir die Untersuchungen über $\Phi^\circ_{2.1}$, $\Phi^\circ_{2.2}$, $\Phi^\circ_{2.3}$, so folgt aus (27b), (83), (89), (103):

$$\Phi^\circ_{1.1} = -\frac{1}{2\pi}\int d\lambda \int N_\sigma \frac{\zeta^2 + \frac{h}{R}}{(1+\zeta^2)^{3/2}} \frac{\partial \zeta}{\partial r}\, dr + \Delta\Phi^\circ_{1.1}, \tag{105}$$

$$\Delta\Phi^\circ_{1.1} = \frac{1}{2\pi R}\int d\lambda \int N_\sigma \frac{\zeta^4}{(1+\zeta^2)^{3/2}}\, dr$$

$$\int \frac{\zeta^2}{(1+\zeta^2)^{3/2}}\, d\zeta = -\frac{\zeta}{\sqrt{1+\zeta^2}} + \mu(\zeta), \tag{106}$$

$$\int \frac{h}{(1+\zeta^2)^{3/2}}\, d\zeta = \frac{\bar{h}\,\zeta}{\sqrt{1+\zeta^2}}. \tag{107}$$

$\bar{h}$ ist ein zwischen den Grenzen des Integrationsintervalls geeignet gewählter Mittelwert von h.

Setzen wir zur Abkürzung

$$\chi_k = \left(1 - \frac{\bar{h}}{R}\right)\frac{\zeta_k}{\sqrt{1+\zeta_k^2}} - \mu_k. \tag{108}$$

Wir erhalten schließlich folgende Gleichung für die Bestimmung von $\Phi^\circ_{1.1}$

$$\Phi^\circ_{1.1} = \frac{1}{2\pi}\sum_i \sum_k N_\sigma (\chi_{k+1} - \chi_k)(\lambda_{i+1} - \lambda_i) + \Delta\Phi^\circ_{1.1}, \tag{109}$$

$$\chi_{k+1} - \chi_k = \left(1 - \frac{\bar{h}}{R}\right)\left(\frac{\zeta_{k+1}}{\sqrt{1+\zeta_{k+1}^2}} - \frac{\zeta_k}{\sqrt{1+\zeta_k^2}}\right) - \mu_{k+1} + \mu_k. \tag{109a}$$

Ist

$$\zeta^2 < 1,$$

so können wir für χ_k diese Reihenentwicklung angeben:

$$\chi_k = -\frac{1}{3}\zeta_k^3 - \frac{\bar{h}}{R}\zeta_k \ldots. \tag{109b}$$

Für $\Phi^\circ_{1.1}$ erhalten wir auf dem Wege der partiellen Integration

$$\Phi^\circ_{1.1} = \frac{1}{2\pi}\int d\lambda \left[(N_\sigma \chi)_{r=1000\,\mathrm{km}} - \int \frac{\partial N_\sigma}{\partial r}\chi\, dr\right] + \Delta\Phi^\circ_{1.1},$$

$$\Phi^\circ_{1.1} = +\frac{1}{2\pi}\sum_i [N_\sigma \chi]_{r=1000\,\mathrm{km}}(\lambda_{i+1} - \lambda_i) - \frac{1}{2\pi}\sum_i \sum_k \chi (N_{\sigma_{k+1}} - N_{\sigma_k})(\lambda_{i+1} - \lambda_i) + \Delta\Phi^\circ_{1.1}. \tag{110}$$

Wir wollen nun $\Phi^\circ_{1.2}$ bestimmen.

Mit (97), (99), (82) wird

$$\Phi^\circ_{1.2} = \frac{1}{4\pi R}\int d\lambda \int N_\sigma \frac{\zeta^2 + \frac{h}{R}}{(1+\zeta^2)^{3/2}}\, dr. \tag{111}$$

Die Größe des 2. Gliedes dieses Integrals läßt sich leicht abschätzen

$$\frac{1}{4\pi R}\int d\lambda \int N_\sigma \frac{\frac{h}{R}}{(1+\zeta^2)^{3/2}}\, dr < \frac{1}{4\pi R^2}\int d\lambda \int N_\sigma h\, dr = \frac{1}{2R^2} N_\sigma^* h^* \Delta r.$$

Mit

$$N_\sigma^* = 100\ \mathrm{m}, \quad h^* = 9\ \mathrm{km}, \quad \Delta r = 1000\ \mathrm{km} \tag{112}$$

erhält man

$$1\ \mathrm{cm}.$$

Also

$$\Phi^{\circ}_{1.2} = \frac{1}{4\pi R}\int d\lambda \int N_{\sigma}\frac{\zeta^2}{(1+\zeta^2)^{3/2}}\,dr\,,$$

$$\Phi^{\circ}_{1.2} = \frac{1}{4\pi R}\sum_i\sum_k N_{\sigma}\frac{\zeta^2}{(1+\zeta^2)^{3/2}}(r_{k+1}-r_k)(\lambda_{i+1}-\lambda_i)\,. \tag{113}$$

Φ_4

Die Bestimmung von Φ_4 gestaltet sich folgendermaßen:

Es ist (27d)

$$\Phi_4 = \frac{1}{2\pi G}\iint_{\varepsilon}\frac{r-r_{\sigma}}{r\,r_{\sigma}}\,\Delta G_{\sigma}\,d\varepsilon\,. \tag{114}$$

ΔG_{σ} wird mit (23) und (30a)

$$\Delta G_{\sigma} \cong g_{\sigma} - \gamma_{\varepsilon_0} + 2\,\bar{H}_{\gamma}\,\bar{g}\,h_0 + 2\,\frac{T_{\sigma}}{R} \tag{115}$$

und mit (33) und (26)

$$\Delta G_{\sigma} \cong \Delta g_F + 2\,\frac{G}{R}\,N_{\sigma}\,. \tag{116}$$

Δg_F ist in genügender Annäherung gleich der Freiluftreduktion.

Wir setzen

$$\Phi_4 = \Phi_{4.1} + \Phi_{4.2} \tag{117}$$

mit folgenden Abkürzungen

$$\Phi_{4.1} = \frac{1}{2\pi G}\iint_{\varkappa}\frac{r-r_{\sigma}}{r\,r_{\sigma}}\,\Delta g_F\,d\varkappa\,,$$

$$\Phi_{4.2} = \frac{1}{\pi R}\iint_{\varkappa}\frac{r-r_{\sigma}}{r\,r_{\sigma}}\,N_{\sigma}\,d\varkappa\,. \tag{118}$$

Aus (99) finden wir

$$r - r_{\sigma} = -\frac{1}{r+r_{\sigma}}\left(h^2 + r^2\,\frac{h}{R}\right). \tag{118a}$$

Gleichung (102) ergibt

$$r_{\sigma} = r\sqrt{1+\zeta^2}\,. \tag{118b}$$

So wird

$$\Phi_{4.1} = -\frac{1}{2\pi G}\iint_{\varkappa}\left(h^2 + r^2\,\frac{h}{R}\right)\frac{\Delta g_F}{r^3\left(1+\zeta^2+\sqrt{1+\zeta^2}\right)}\,d\varkappa\,. \tag{119}$$

Φ°_4

Aus (119) folgt:

$$\Phi^{\circ}_{4.1} = -\frac{1}{2\pi G}\sum_i\sum_k\left(\zeta^2 + \frac{h}{R}\right)\Delta g_F\,\frac{1}{1+\zeta^2+\sqrt{1+\zeta^2}}\,(r_{k+1}-r_k)(\lambda_{i+1}-\lambda_i)\,. \tag{120}$$

$\Phi_{4.2}$, (118) (118a), errechnen wir wie folgt:

$$\Phi_{4.2} = -\frac{1}{\pi R}\iint_{\varkappa}\left(h^2 + r^2\,\frac{h}{R}\right)\frac{1}{r^3}\,\frac{1}{1+\zeta^2+\sqrt{1+\zeta^2}}\,N_{\sigma}\,d\varkappa\,. \tag{121}$$

Das zweite Glied im Integranden ergibt einen Wert, der im wesentlichen kleiner ist als das folgende Integral.

$$-\frac{1}{2\pi R^2}\iint h\,N_{\sigma}\,dr\,d\lambda = -\frac{1}{R^2}\,h^*\,N^*_{\sigma}\,\Delta r\,.$$

Dieses wird mit

$$\Delta r = 1000\text{ km}\,,\qquad h^* = 9\text{ km}\,,\qquad N^*_{\sigma} = 50\text{ m}\,, \tag{122}$$

gleich 1 cm.

Wir haben also in genügender Annäherung

$$\Phi_{4.2}^{\circ} \cong -\frac{1}{\pi R} \sum_i \sum_k \zeta^2 N_\sigma \frac{1}{1+\zeta^2+\sqrt{1+\zeta^2}} (r_{k+1}-r_k)(\lambda_{i+1}-\lambda_i). \tag{123}$$

Φ_3°

Schließlich wenden wir uns der Bestimmung von Φ_3° zu und machen zunächst eine Reihenentwickelung für $\cos(r_\sigma, r)$, (77).

$$\cos(r_\sigma, r) = \frac{1}{\sqrt{1+\zeta^2\cos^2\frac{\vartheta}{2}\left(1-\frac{h}{2R}\right)^2}} = \frac{1}{\sqrt{1+\zeta^2}} + \frac{\zeta^2}{2(1+\zeta^2)^{3/2}}\left(\frac{h}{R}+\frac{r^2}{4R^2}\right). \tag{124}$$

Das Maximum von $\zeta^2(1+\zeta^2)^{-3/2}$ liegt bei $\zeta^2 = 2$, dann ist

$$\left[\frac{\zeta^2}{2(1+\zeta^2)^{3/2}}\right]_{\max} = \frac{1}{5{,}2}. \tag{124a}$$

Der Anteil des letzten Gliedes von (124) an Φ_3° beträgt maximal

$$-\frac{1}{20{,}8\,\pi R}\iint N_\sigma\left(\frac{h}{R}+\frac{r^2}{4R^2}\right) dr\,d\lambda \cong -\frac{h^* N_\sigma^*}{10{,}4\,R^2}\,\Delta r - \frac{N_\sigma^*}{124{,}8}\,\frac{\Delta r^3}{R^3}.$$

Mit (112) folgt

$$-0{,}21\text{ cm} - 0{,}31\text{ cm} = -0{,}52\text{ cm}. \tag{125}$$

So folgt aus (27c)

$$\Phi_3^{\circ} = -\frac{1}{4\pi R}\iint N_\sigma\left(\frac{1}{\sqrt{1+\zeta^2}}-1\right) dr\,d\lambda, \tag{126}$$

$$\Phi_3^{\circ} = -\frac{1}{4\pi R}\sum_i\sum_k N_\sigma\left(\frac{1}{\sqrt{1+\zeta^2}}-1\right)(r_{k+1}-r_k)(\lambda_{i+1}-\lambda_i). \tag{127}$$

Φ_5°

Wir erhalten aus (27e) mit (76) und (124)

$$\Phi_5^{\circ} = -\frac{1}{2\pi R^2}\iint N_\sigma h\left[\frac{1}{\sqrt{1+\zeta^2}} + \frac{\zeta^2}{2(1+\zeta^2)^{3/2}}\left(\frac{h}{R}+\frac{r^2}{4R^2}\right)\right] dr\,d\lambda. \tag{128}$$

Der Maximalwert der Klammer [ ] ist kleiner als 1.
Also

$$|\Phi_5^{\circ}| < \left|\frac{N_\sigma^* h^*}{R^2}\,\Delta r\right|.$$

Mit (112) resultiert

$$|\Phi_5^{\circ}| < 2\text{ cm} \cong 0. \tag{129}$$

Φ_6°

Aus Gleichung (35) folgt

$$\Phi_6^{\circ} = -\frac{1}{\pi R^2}\sum_k\sum_i\left(\frac{1}{2}h_0 - 2h\right) N_\sigma (r_{k+1}-r_k)(\lambda_{i+1}-\lambda_i). \tag{130}$$

Mit

$$h_0^{\circ} = 3\text{ km}, \qquad N_\sigma^* = 0{,}1\text{ km}, \qquad \Delta r = 1000\text{ km}$$

wird

$$-\frac{1}{\pi R^2}\sum_k\sum_i \frac{1}{2} h_0^* N_\sigma^* \Delta r\cdot(\lambda_{i+1}-\lambda_i) \cong 1\text{ cm} \cong 0.$$

Folglich

$$\Phi_6^{\circ} = +\frac{2}{\pi R^2}\sum_k\sum_i h N_\sigma (r_{k+1}-r_k)(\lambda_{i+1}-\lambda_i) = -4\,\Phi_5^{\circ}. \tag{131}$$

Mit

$$h^* = 9 \text{ km}, \qquad N_\sigma^* = 0{,}1 \text{ km}, \qquad \Delta r = 1000 \text{ km}$$

erhalten wir

$$\Phi_6^\circ \cong 9 \text{ cm}.$$

$\Phi_2^{\circ\circ}$

Wir betrachten jetzt das Integral für Φ_2 außerhalb des Umkreises von 1000 km ($\Phi_2^{\circ\circ}$). Dann gilt, wenn ϑ der sphärische Abstand ist, mit (65), (67), (69)

$$r = 2\,R \sin\frac{\vartheta}{2},$$

$$\sin(r, \gamma) = \cos\frac{\vartheta}{2}, \qquad \cos(r, \gamma) = -\sin\frac{\vartheta}{2},$$

$$\sin(r_\sigma, r) \cong -\frac{h}{2\,R}\operatorname{cotg}\frac{\vartheta}{2}. \tag{132}$$

Ferner ist

$$\sin(r_\sigma, \gamma) = \cos\frac{\vartheta}{2}\sqrt{1-\left(\frac{h}{2\,R}\operatorname{cotg}\frac{\vartheta}{2}\right)^2} - \sin\frac{\vartheta}{2}\,\frac{h}{2\,R}\operatorname{cotg}\frac{\vartheta}{2}$$

und wenn

$$\zeta^2 < 1,$$

$$\sin(r_\sigma, \gamma) = \cos\frac{\vartheta}{2}\left[1 - \frac{1}{2}\left(\frac{h}{2\,R}\operatorname{cotg}\frac{\vartheta}{2}\right)^2 - \frac{h}{2\,R}\right]$$

mit

$$1000 \text{ km} \leqq R\,\vartheta \leqq \pi\,R,$$

$$h < 9 \text{ km}.$$

Wenn wir einen relativen Fehler von 10^{-3} vernachlässigen, gilt also für den genannten Bereich

$$\sin(r_\sigma, \gamma) = \sin(r, \gamma) = \cos\frac{\vartheta}{2}. \tag{133}$$

Das Flächenelement ergibt sich so:

$$d\varkappa = R^2 \sin\vartheta\, d\vartheta\, d\lambda. \tag{134}$$

Setzen wir zur Abkürzung

$$\Phi_{2.a}^{\circ\circ} = \frac{1}{2\pi}\iint N_\sigma \frac{1}{r^2}\sin(r, \gamma)\sin(r_\sigma, r)\, d\varkappa, \tag{135}$$

$$\Phi_{2.b}^{\circ\circ} = -\frac{1}{2\pi}\iint N_\sigma \frac{1}{r^2}\sin(r_\sigma, \gamma)\operatorname{tg}\nu_r\, d\varkappa, \tag{136}$$

so gilt

$$\Phi_2^{\circ\circ} = \Phi_{2.a}^{\circ\circ} + \Phi_{2.b}^{\circ\circ}. \tag{137}$$

Es folgt

$$\Phi_{2.a}^{\circ\circ} = -\frac{1}{4\pi R}\int d\lambda \int N_\sigma\, h \frac{\cos^3\frac{\vartheta}{2}}{\sin^2\frac{\vartheta}{2}}\, d\frac{\vartheta}{2}, \tag{138}$$

$$\Phi_{2.a}^{\circ\circ} = \frac{1}{4\pi R}\int d\lambda\, N_\sigma^*\, h^* \left(\sin\frac{\vartheta}{2} + \frac{1}{\sin\frac{\vartheta}{2}}\right)_{\vartheta_1}^{\vartheta_2}, \tag{138a}$$

$$\Phi_{2.b}^{\circ\circ} = \frac{1}{4\pi R}\int d\lambda \int N_\sigma \frac{\cos^2\frac{\vartheta}{2}}{\sin\frac{\vartheta}{2}}\,\frac{\partial h}{\partial\vartheta}\, d\vartheta \tag{139}$$

mit

$$\frac{\partial h}{\partial \vartheta} = - R \operatorname{tg} \nu_r .$$

Wir führen die partielle Integration durch:

$$u = h , \qquad du = \frac{\partial h}{\partial \vartheta} d\vartheta ,$$

$$v = \frac{\cos^2 \frac{\vartheta}{2}}{\sin \frac{\vartheta}{2}} , \qquad dv = - \cos \frac{\vartheta}{2} \left(1 + \frac{1}{\sin^2 \frac{\vartheta}{2}} \right) d \frac{\vartheta}{2} ,$$

$$\Phi_{2.b}^{\circ\circ} = \frac{1}{4 \pi R} \int d\lambda\, N_\sigma^{*\prime} \left[h \frac{\cos^2 \frac{\vartheta}{2}}{\sin \frac{\vartheta}{2}} + \int h \left(\frac{\cos \frac{\vartheta}{2}}{\sin^2 \frac{\vartheta}{2}} + \cos \frac{\vartheta}{2} \right) d \frac{\vartheta}{2} \right]_{\vartheta_1}^{\vartheta} ;$$

$$\Phi_{2.b}^{\circ\circ} = \frac{1}{4 \pi R} \int d\lambda\, N_\sigma^{*\prime} \left[h \frac{\cos^2 \frac{\vartheta}{2}}{\sin \frac{\vartheta}{2}} - h^{*\prime} \left(\frac{1}{\sin \frac{\vartheta}{2}} - \sin \frac{\vartheta}{2} \right) \right]_{\vartheta_1}^{\vartheta_2} . \tag{140}$$

So erhalten wir aus (138a), (140)

$$\Phi_2^{\circ\circ} = \frac{1}{4 \pi R} \int d\lambda \left[(N_\sigma^* h^* + N_\sigma^{*\prime} h^{*\prime}) \sin \frac{\vartheta}{2} + (N_\sigma^* h^* - N_\sigma^{*\prime} h^{*\prime}) \frac{1}{\sin \frac{\vartheta}{2}} + N_\sigma^{*\prime} h \frac{\cos^2 \frac{\vartheta}{2}}{\sin \frac{\vartheta}{2}} \right]_{\vartheta_1}^{\vartheta_2} .$$

Mit

$$\vartheta_2 = \pi , \qquad \vartheta_1 = \frac{1}{6}$$

und den folgenden, über $\varphi = 0$ bis $\varphi = 2\pi$ genommenen Mittelwerten

$$|N_\sigma^*| \cong |N_\sigma^{*\prime}| = 50 \text{ m} ,$$

$$|h^*| \cong |h^{*\prime}| \cong |h|_{\vartheta = \vartheta_1} = 9 \text{ km} \tag{141}$$

ergibt sich

$$|\Phi_2^{\circ\circ}| < 1{,}2 \text{ m} . \tag{142}$$

Wir wollen noch eine Formel für die numerische Berechnung von $\Phi_2^{\circ\circ}$ angeben, (138), (139). Wir finden

$$\Phi_2^{\circ\circ} = - \frac{1}{8 \pi R^2} \iint N_\sigma \frac{\cos \frac{\vartheta}{2}}{\sin^2 \frac{\vartheta}{2}} \left(\frac{h}{2 R} \operatorname{cotg} \frac{\vartheta}{2} + \operatorname{tg} \nu_r \right) d\varkappa . \tag{143}$$

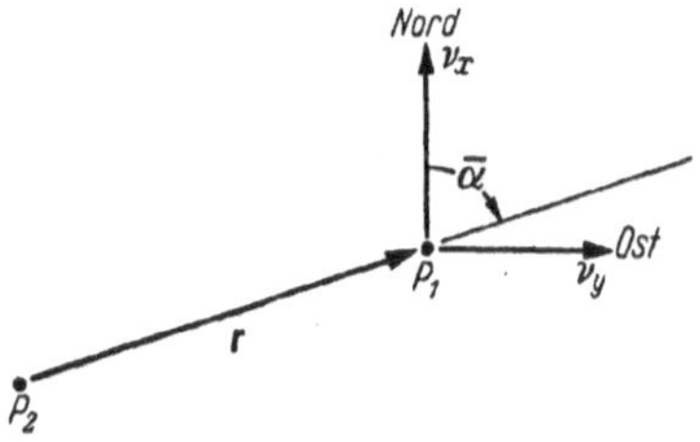

Bild 8

Wir zerlegen die Geländeneigung in der Richtung des Radiusvektors r, nämlich $\operatorname{tg} \nu_r$, in ihre Nord-Süd- und Ost-West-Komponente, ν_x, ν_y. Es ergibt sich aus Bild 8 bei geringer Geländeneigung

$$\operatorname{tg} \nu_r = \nu_x \cos \bar{\alpha} + \nu_y \sin \bar{\alpha} . \tag{144}$$

Gehen wir im Integral zur Summe über, so folgt

$$\Phi_2^{\circ\circ} = -\frac{1}{8\pi R^2}\sum_i\sum_k N_\sigma \frac{\cos\frac{\vartheta}{2}}{\sin^2\frac{\vartheta}{2}}\left(\frac{h}{2R}\operatorname{cotg}\frac{\vartheta}{2} + \nu_x\cos\bar{\alpha} + \nu_y\sin\bar{\alpha}\right)\Delta\varkappa\,. \tag{145}$$

In (139) wollen wir die partielle Integration noch etwas anders durchführen.
Mit

$$u = h\,,\qquad du = \frac{\partial h}{\partial\vartheta}\,d\vartheta\,,$$

$$v = N_\sigma\frac{\cos^2\frac{\vartheta}{2}}{\sin\frac{\vartheta}{2}}\,,\qquad dv = \frac{\partial N_\sigma}{\partial\vartheta}\frac{\cos^2\frac{\vartheta}{2}}{\sin\frac{\vartheta}{2}}\,d\vartheta - N_\sigma\cos\frac{\vartheta}{2}\left(1+\frac{1}{\sin^2\frac{\vartheta}{2}}\right)d\,\frac{\vartheta}{2}$$

wird

$$\Phi_{2.b}^{\circ\circ} = \frac{1}{4\pi R}\int d\lambda\left[h\,N_\sigma\frac{\cos^2\frac{\vartheta}{2}}{\sin\frac{\vartheta}{2}} - \int h\,\frac{\partial N_\sigma}{\partial\vartheta}\frac{\cos^2\frac{\vartheta}{2}}{\sin\frac{\vartheta}{2}}\,d\vartheta + \int h\,N_\sigma\cos\frac{\vartheta}{2}\left(1+\frac{1}{\sin^2\frac{\vartheta}{2}}\right)d\,\frac{\vartheta}{2}\right]_{\vartheta=\frac{\Delta r}{R}}^{\pi}.$$

Fügen wir (138) hinzu, so erhalten wir

$$\Phi_2^{\circ\circ} = \frac{1}{4\pi R}\int d\lambda\left[h\,N_\sigma\frac{\cos^2\frac{\vartheta}{2}}{\sin\frac{\vartheta}{2}} - \int h\,\frac{\partial N_\sigma}{\partial\vartheta}\frac{\cos^2\frac{\vartheta}{2}}{\sin\frac{\vartheta}{2}}\,d\vartheta + 2\int h\,N_\sigma\cos\frac{\vartheta}{2}\,d\,\frac{\vartheta}{2}\right]_{\vartheta=\frac{\Delta r}{R}}^{\pi} \tag{146}$$

Das erste Glied auf der rechten Seite ist genähert gleich

$$-\frac{1}{2\pi}\int[N_\sigma\zeta]_{\Delta r=1000\,\text{km}}\,d\lambda\,. \tag{147}$$

Es wird mit dem ersten Glied in (93) zusammen gleich Null.

Das dritte Glied in (146) ist recht klein und dürfte meistens gleich Null gesetzt werden können, wie sich aus folgender einfacher Rechnung ergibt

$$\frac{1}{2\pi R}\int d\lambda\int h\,N_\sigma\cos\frac{\vartheta}{2}\,d\,\frac{\vartheta}{2} \cong \frac{h^*\,N_\sigma^{**}}{R}\,.$$

Mit

$$h^* = 9\text{ km}\,,\qquad N_\sigma^{**} = 50\text{ m} \tag{148}$$

ergibt sich

$$7\text{ cm}\,. \tag{148a}$$

Also

$$\Phi_2^{\circ\circ} = -\frac{1}{2\pi}\int d\lambda\,[N_\sigma\zeta]_{\Delta r=1000\,\text{km}} - \frac{1}{4\pi R}\iint h\,\frac{\partial N_\sigma}{\partial\vartheta}\frac{\cos^2\frac{\vartheta}{2}}{\sin\frac{\vartheta}{2}}\,d\lambda\,d\vartheta + \frac{1}{2\pi R}\iint h\,N_\sigma\cos\frac{\vartheta}{2}\,d\frac{\vartheta}{2}\,d\lambda\,. \tag{149}$$

Nun gilt bekanntlich für die gravimetrischen Lotabweichungen

$$\frac{\partial N}{\partial x} = -\xi\,,\qquad \frac{\partial N}{\partial y} = -\eta\,.$$

Also

$$\frac{\partial N_\sigma}{\partial\vartheta} = -R\,(\xi\cos\bar{\alpha} + \eta\sin\bar{\alpha})\,. \tag{150}$$

Die Bedeutung des Winkels $\bar{\alpha}$ ist aus Bild 8 zu entnehmen. (149) und (150) ergeben

$$\Phi_2^{\circ\circ} = -\frac{1}{2\pi}\sum_i [N_\sigma \zeta]_{\Delta r = 1000\,\mathrm{km}} (\lambda_{i+1} - \lambda_i) + \frac{1}{8\pi R^2}\sum_i\sum_k h \frac{\cos\frac{\vartheta}{2}}{\sin^2\frac{\vartheta}{2}} (\xi\cos\alpha + \eta\sin\bar{\alpha})\,\Delta\varkappa$$

$$+ \frac{1}{8\pi R^3}\sum_i\sum_k N_\sigma h \frac{1}{\sin\frac{\vartheta}{2}}\,\Delta\varkappa\,. \tag{151}$$

$\Phi_1^{\circ\circ}$

Wir bestimmen jetzt $\Phi_{1.1}^{\circ\circ}$, (103), (27b), indem wir über den außerhalb des Umkreises von 1000 km gelegenen Bereich integrieren. In diesem Gebiet ist der Quotient

$$\frac{\zeta^2 + \frac{h}{R}}{1 + \zeta^2}$$

sehr klein.

Mit $h < 9$ km, $r > 1000$ km ist der Quotient kleiner als

$$1{,}5 \cdot 10^{-3}\,.$$

Also mit (142)

$$|\Phi_{1.1}^{\circ\circ}| < 1{,}5\,|\Phi_2^{\circ\circ}|\,10^{-3} < 0{,}18\ \mathrm{cm}\,. \tag{152}$$

$\Phi_{1.1}^{\circ\circ}$ können wir also vernachlässigen.

Der zur Bestimmung von $\Phi_{1.2}^{\circ\circ}$ benötigte Wert von $\cos(r_\sigma, r)$ genügt mit (132) folgender Gleichung

$$\cos(r_\sigma, r) = \sqrt{1 - \left(\frac{h}{2R}\operatorname{cotg}\frac{\vartheta}{2}\right)^2} < 1 - 10^{-4} \cong 1\,. \tag{153}$$

Mit einem relativen Fehler von weniger als 10^{-4} haben wir daher (65), (97), (99), (100), (134),

$$\Phi_{1.2}^{\circ\circ} = \frac{1}{4\pi}\int d\lambda \int N_\sigma\left(\zeta^2 + \frac{h}{R}\right)\frac{\cos\frac{\vartheta}{2}\,d\vartheta}{1+\zeta^2}\,. \tag{154}$$

Weil

$$\zeta^2 < 0{,}8 \cdot 10^{-4} \tag{155}$$

folgt

$$\Phi_{1.2}^{\circ\circ} = \frac{1}{4\pi R}\int d\lambda \int N_\sigma h \cos\frac{\vartheta}{2}\,d\vartheta + \varphi_{1.2}^{\circ\circ}\,,$$

$$\varphi_{1.2}^{\circ\circ} < 0{,}4 \cdot 10^{-4}\,N_\sigma^{**}\int_0^\pi \cos\frac{\vartheta}{2}\,d\vartheta\,.$$

Ist

$$N_\sigma^{**} = 50\ \mathrm{m}\,,$$

so folgt

$$|\varphi_{1.2}^{\circ\circ}| < 0{,}4\ \mathrm{cm}\,. \tag{156}$$

$\varphi_{1.2}^{\circ\circ}$ wird deshalb im folgenden vernachlässigt.

Schätzen wir die Größenordnung von $\Phi_{1.2}^{\circ\circ}$ ab, so folgt

$$|\Phi_{1.2}^{\circ\circ}| < \left|\frac{N_\sigma^{**} h^*}{R}\right|.$$

Mit

$$N_\sigma^{**} < 50\ \mathrm{m}\,, \qquad h^* < 9\ \mathrm{km} \tag{157}$$

folgt

$$|\Phi_{1.2}^{\circ\circ}| < 7\ \mathrm{cm}\,. \tag{158}$$

Für die nur bei den höchsten Gebirgen durchzuführende Berechnung hat man

$$\Phi_1^{\circ\circ} \cong \Phi_{1.2}^{\circ\circ} = \frac{1}{8\,\pi\,R^3} \sum_i \sum_k N_\sigma\, h \frac{1}{\sin\frac{\vartheta}{2}}\, \Delta\varkappa\,. \tag{159}$$

Wir erkennen, daß $\Phi_{1.2}^{\circ\circ}$ gleich dem dritten Glied auf der rechten Seite von (146) ist.

$\mathbf{\Phi_4^{\circ\circ}}$

Mit einem geringen relativen Fehler gilt nach (119)

$$\Phi_{4.1}^{\circ\circ} = -\frac{1}{4\,\pi\,G} \iint_\varkappa \left(\frac{h^2}{r^3} + \frac{h}{R\,r}\right) \Delta g_F\, d\varkappa\,. \tag{160}$$

Das erste Glied im Integranden ergibt

$$-\frac{1}{4\,\pi\,G} \iint_\varkappa \frac{h^2}{r^3}\, \Delta g_F\, d\varkappa \cong -\frac{h^{*2}\,\Delta g_F^*}{8\,\pi\,R\,G} \int d\lambda \int \frac{\cos\frac{\vartheta}{2}}{\sin^2\frac{\vartheta}{2}}\, d\,\frac{\vartheta}{2} = \frac{h^{*2}\,\Delta g_F^*}{4\,R\,G} \left[\frac{1}{\sin\frac{\vartheta}{2}}\right]_{\vartheta=\vartheta_1}^{\vartheta=\pi}$$

$$\cong \frac{h^{*2}\,\Delta g_F^*}{4\,R\,G} \left(1 - \frac{2}{\vartheta_1}\right).$$

Mit

$$h^* = 9\ \text{km}\,, \qquad \Delta g_F^* = 50\ \text{mgal} \tag{161}$$

erhält man, wenn

$$\vartheta_1\, R = 1000\ \text{km}\,,$$

$$0{,}2\ \text{cm}\,. \tag{162}$$

Die Größe des zweiten Teils des Integrals für $\Phi_{4.1}^{\circ\circ}$ schätzen wir wie folgt ab.

$$-\frac{h^*\,\Delta g_F^*}{4\,\pi\,R\,G} \int d\lambda \int \frac{1}{r}\, d\varkappa = -\frac{h^*\,\Delta g_F^*}{G} \int_0^\pi \cos\frac{\vartheta}{2}\, d\,\frac{\vartheta}{2} = -\frac{h^*\,\Delta g_F^*}{G}\,.$$

Mit (161) erhalten wir

$$-\frac{1}{G}\, h^*\, \Delta g_F^* = -0{,}5\ 10^{-4}\, h^* = -0{,}45\ \text{m}\,. \tag{163}$$

So haben wir

$$\Phi_{4.1}^{\circ\circ} = -\frac{1}{8\,\pi\,R^2\,G} \sum_i \sum_k \frac{h}{\sin\frac{\vartheta}{2}}\, \Delta g_F\, \Delta\varkappa\,. \tag{164}$$

Weiter ergibt sich aus (118), (118a), (118b)

$$\Phi_{4.2}^{\circ\circ} = -\frac{1}{2\,\pi\,R} \iint N_\sigma \left(\frac{h^2}{r^3} + \frac{h}{r\,R}\right) d\varkappa \tag{165}$$

$$\Phi_{4.2}^{\circ\circ} \cong -\frac{h^{*2}\,N_\sigma^{**}}{2\,R^2} \int_{\vartheta=\frac{1}{6}}^{\pi} \frac{\cos\frac{\vartheta}{2}}{\sin^2\frac{\vartheta}{2}}\, d\,\frac{\vartheta}{2} - 2\,\frac{h^*\,N_\sigma^{**}}{R} \int_{\vartheta=\frac{1}{6}}^{\pi} \cos\frac{\vartheta}{2}\, d\,\frac{\vartheta}{2}\,,$$

$$\Phi_{4.2}^{\circ\circ} = \frac{h^{*2}\,N_\sigma^{**}}{2\,R^2} \left|\frac{1}{\sin\frac{\vartheta}{2}}\right|_{\vartheta=\frac{1}{6}}^{\pi} - 2\,\frac{h^*\,N_\sigma^{**}}{R} \left|\sin\frac{\vartheta}{2}\right|_{\vartheta=\frac{1}{6}}^{\pi}. \tag{166}$$

Mit (157) folgt

$$\Phi_{4.2}^{\circ\circ} = \frac{1}{2} \cdot 10^{-3}\ \text{m} - 0{,}15\ \text{m}\,. \tag{167}$$

$\Phi_{4.2}^{\circ\circ}$ berechnen wir nach folgender Gleichung:

$$\Phi_{4.2}^{\circ\circ} = -\frac{1}{4\pi R^3}\sum_i\sum_k h\, N_\sigma \frac{1}{\sin\frac{\vartheta}{2}}\,\Delta\varkappa\,. \tag{168}$$

$\mathbf{\Phi_3^{\circ\circ}}$

Mit (153) folgt aus (27c), wenn $\zeta^2 < 1$,

$$\Phi_3^{\circ\circ} = +\frac{1}{16\pi R^2}\iint N_\sigma h^2 \frac{\cos^3\frac{\vartheta}{2}}{\sin^2\frac{\vartheta}{2}}\, d\frac{\vartheta}{2}\, d\lambda = +\frac{N_\sigma^{**} h^{*2}}{8R^2}\int_{\vartheta_1}^{\pi} \frac{\cos^3\frac{\vartheta}{2}}{\sin^2\frac{\vartheta}{2}}\, d\frac{\vartheta}{2}$$

$$= -\frac{N_\sigma^{**} h^{*2}}{8R^2}\left(\sin\frac{\vartheta}{2} + \frac{1}{\sin\frac{\vartheta}{2}}\right)_{\vartheta=\vartheta_1}^{\vartheta=\pi} = -\frac{N_\sigma^{**} h^{*2}}{8R^2}\left(2 - \frac{\vartheta_1}{2} - \frac{2}{\vartheta_1}\right).$$

Mit (157) folgt

$$\Phi_3^{\circ\circ} = 10^{-5}\left(2 - \frac{\vartheta_1}{2} - \frac{2}{\vartheta_1}\right)\,\mathrm{m} \tag{169}$$

und weiter

$$\left.\begin{aligned} \vartheta_1 R &= 1000\,\mathrm{km}\,, & |\zeta| &< 0{,}01\,, & \Phi_3^{\circ\circ} &= 10^{-2}\,\mathrm{cm}\,,\\ \vartheta_1 R &= 25\,\mathrm{km}\,, & |\zeta| &< 0{,}3\,, & \Phi_3^{\circ\circ} &= 0{,}5\,\mathrm{cm}\,. \end{aligned}\right\} \tag{169a}$$

Wir brauchen also in (127) zur Bestimmung von Φ_3° nur bis $r = 25$ km zu integrieren. $\Phi_3^{\circ\circ}$ vernachlässigen wir.

$\mathbf{\Phi_5^{\circ\circ}}$

Aus (27e), (65), (67), (153) folgt

$$\Phi_5^{\circ\circ} = -\frac{1}{4\pi R^3}\iint \frac{N_\sigma h}{\sin\frac{\vartheta}{2}}\, d\varkappa\,.$$

Nach (165) bis (168) ist dieser Wert absolut nicht größer als 0,15 m.

$$\Phi_5^{\circ\circ} = -\frac{1}{4\pi R^3}\sum_i\sum_k \frac{N_\sigma h}{\sin\frac{\vartheta}{2}}\,\Delta\varkappa\,. \tag{170}$$

$\mathbf{\Phi_6^{\circ\circ}}$

Gleichung (35) nach einfachen Umformungen

$$\Phi_6^{\circ\circ} = -\frac{2}{\pi R}\iint\left(\frac{1}{2}h_0 - 2h\right) N_\sigma \cos\frac{\vartheta}{2}\, d\frac{\vartheta}{2}\, d\lambda\,.$$

h_0^{**} sei die mittlere Höhe der Erdoberfläche über dem Geoid. Da die mittlere Höhe des Festlandes über dem Meere etwa 875 m beträgt, [7], und das Festland an der Erdoberfläche nur einen Anteil von ca. 30% hat, können wir setzen

$$h_0^{**} = 0{,}875\,\mathrm{km}\; 0{,}3 \cong 0{,}3\,\mathrm{km}\,,$$

$$N_\sigma^{**} = 50\,\mathrm{m}\,.$$

Mit diesen Voraussetzungen ist

$$\frac{2}{\pi R}\iint \frac{1}{2}h_0 N_\sigma \cos\frac{\vartheta}{2}\, d\frac{\vartheta}{2}\, d\lambda = \frac{2}{R}h_0^{**} N_\sigma^{**}\int_0^{\vartheta=180^\circ} \cos\frac{\vartheta}{2}\, d\frac{\vartheta}{2} = \frac{2}{R}h_0^{**} N_\sigma^{**} \cong 0{,}5\,\mathrm{cm} \cong 0\,.$$

Also

$$\Phi_6^{\circ\circ} = +\frac{1}{\pi R^3}\sum_i\sum_k \frac{N_\sigma h}{\sin\frac{\vartheta}{2}}\,\Delta\varkappa = -4\,\Phi_5^{\circ\circ}\,. \tag{171}$$

Formelzusammenstellung

$$N_{\varepsilon_0} = \frac{R}{4\pi\gamma_\sigma} \int_{\lambda=0}^{2\pi} d\lambda \int_{\vartheta=0}^{\pi} [g_\sigma + 2c\overline{H}_\gamma + 2\omega^2 h_0 - \gamma_{\varepsilon_0} + \Theta_\sigma \cdot G \cdot \mathrm{tg}(\gamma, n) \cos(\alpha - A)] \left(1 + 2\frac{h}{R}\right) S_T(\vartheta) \cdot \sin\vartheta \, d\vartheta$$

$$+ \sum_1^6 \Phi_n^\circ (N_{\sigma.1}) + \sum_1^6 \Phi_n^{\circ\circ} (N_{\sigma.1}) + \frac{\overline{g} - \overline{\gamma}}{G} \cdot h_0 - \frac{h_0}{R} N_{\sigma.1} + O(N_{\varepsilon_0} \cdot \mathfrak{a})$$

Vgl. (55), (46), (50), (172) bis (195).

---

(108), (109), (113):

$$\Phi_1^\circ = \frac{1}{2\pi} \sum_i \sum_k N_\sigma (\chi_{k+1} - \chi_k)(\lambda_{i+1} - \lambda_i) + \frac{1}{4\pi R} \sum_i \sum_k N_\sigma \frac{\zeta^2 + 2\zeta^4}{(1+\zeta^2)^{3/2}} (r_{k+1} - r_k)(\lambda_{i+1} - \lambda_i) - \frac{1}{2}\Phi_5^\circ . \tag{172}$$

(110), (113):

$$\Phi_1^\circ = \frac{1}{2\pi} \sum_i (N_\sigma \chi)_{r=1000\,\mathrm{km}} (\lambda_{i+1} - \lambda_i) - \frac{1}{2\pi} \sum_i \sum_k \chi (N_{\sigma_{k+1}} - N_{\sigma_k})(\lambda_{i+1} - \lambda_i) + \frac{1}{4\pi R} \sum_i \sum_k N_\sigma \frac{\zeta^2 + 2\zeta^4}{(1+\zeta^2)^{3/2}} (r_{k+1} - r_k)(\lambda_{i+1} - \lambda_i) - \frac{1}{2}\Phi_5^\circ . \tag{173}$$

(85), (92):

$$\Phi_2^\circ = \frac{1}{2\pi} \sum_i \sum_k N_\sigma (\mu_{k+1} - \mu_k)(\lambda_{i+1} - \lambda_i) - \frac{1}{2\pi R} \sum_i \sum_k N_\sigma \frac{\zeta^2}{\sqrt{1+\zeta^2}} (r_{k+1} - r_k)(\lambda_{i+1} - \lambda_i) . \tag{174}$$

(93):

$$\Phi_2^\circ = \Phi_{2'}^\circ - \frac{1}{2\pi} \sum_i \sum_k \mu (N_{\sigma_{k+1}} - N_{\sigma_k})(\lambda_{i+1} - \lambda_i) - \frac{1}{2\pi R} \sum_i \sum_k N_\sigma \frac{\zeta^2}{\sqrt{1+\zeta^2}} (r_{k+1} - r_k)(\lambda_{i+1} - \lambda_i) . \tag{175}$$

(127):

$$\Phi_3^\circ = -\frac{1}{4\pi R} \sum_i \sum_k N_\sigma \left(\frac{1}{\sqrt{1+\zeta^2}} - 1\right)(r_{k+1} - r_k)(\lambda_{i+1} - \lambda_i) \qquad (r \leqq 25\,\mathrm{km}) . \tag{176}$$

(120), (123):

$$\Phi_4^\circ = -\frac{1}{2\pi G} \sum_i \sum_k \left(\zeta^2 + \frac{h}{R}\right) \Delta g_F \frac{1}{1 + \zeta^2 + \sqrt{1+\zeta^2}} (r_{k+1} - r_k)(\lambda_{i+1} - \lambda_i) - \frac{1}{\pi R} \sum_i \sum_k \zeta^2 N_\sigma \frac{1}{1 + \zeta^2 + \sqrt{1+\zeta^2}} (r_{k+1} - r_k)(\lambda_{i+1} - \lambda_i) + \Phi_5^\circ . \tag{177}$$

(129):

$$\Phi_5^\circ \cong -\frac{1}{2\pi R^2} \sum_i \sum_k N_\sigma h (r_{k+1} - r_k)(\lambda_{i+1} - \lambda_i) . \tag{177a}$$

(131):

$$\Phi_6^\circ = -4\Phi_5^\circ . \tag{177b}$$

$$\mu = \ln\left(\zeta + \sqrt{1+\zeta^2}\right), \qquad \chi = \left(1 - \frac{\overline{h}}{R}\right) \frac{\zeta}{\sqrt{1+\zeta^2}} - \mu = \omega - \mu . \tag{178}$$

$$\Phi_1^\circ + \Phi_2^\circ = \frac{1}{2\pi} \sum_i \sum_k N_\sigma [\omega_{k+1} - \omega_k] (\lambda_{i+1} - \lambda_i) + \frac{1}{4\pi R} \sum_i \sum_k N_\sigma \left[\frac{\zeta^2 + 2\zeta^4}{(1+\zeta^2)^{3/2}} - \frac{2\zeta^2}{\sqrt{1+\zeta^2}}\right] (r_{k+1} - r_k)(\lambda_{i+1} - \lambda_i) - \frac{1}{2} \Phi_5^\circ . \tag{179}$$

$$\Phi_1^\circ + \Phi_2^\circ = + \Phi_{2'}^\circ - \frac{1}{2\pi} \sum_i \sum_k \omega (N_{\sigma_{k+1}} - N_{\sigma_k}) (\lambda_{i+1} - \lambda_i) + \frac{1}{4\pi R} \sum_i \sum_k N_\sigma \left[\frac{\zeta^2 + 2\zeta^4}{(1+\zeta^2)^{3/2}} - \frac{2\zeta^2}{\sqrt{1+\zeta^2}}\right] (r_{k+1} - r_k)(\lambda_{i+1} - \lambda_i) - \frac{1}{2} \Phi_5^\circ . \tag{180}$$

und weil

$$N_{\sigma_{k+1}} - N_{\sigma k} = -(r_{k+1} - r_k)(\xi_\sigma \cos\lambda + \eta_\sigma \sin\lambda)$$

$$\Phi_1^\circ + \Phi_2^\circ = + \Phi_{2'}^\circ + \frac{1}{2\pi} \sum_i \sum_k \omega (\xi_\sigma \cos\lambda + \eta_\sigma \sin\lambda)(r_{k+1} - r_k)(\lambda_{i+1} - \lambda_i) +$$

$$+ \frac{1}{4\pi R} \sum_i \sum_k N_\sigma \left[\frac{\zeta^2 + 2\zeta^4}{(1+\zeta^2)^{3/2}} - \frac{2\zeta^2}{\sqrt{1+\zeta^2}}\right] (r_{k+1} - r_k)(\lambda_{i+1} - \lambda_i) - \frac{1}{2} \Phi_5^\circ . \tag{180a}$$

$$\Phi_3^\circ = - \frac{1}{4\pi R} \sum_i \sum_k N_\sigma \left(\frac{1}{\sqrt{1+\zeta^2}} - 1\right) (r_{k+1} - r_k)(\lambda_{i+1} - \lambda_i) \qquad (r \leqq 25 \text{ km}) . \tag{181}$$

$$\Phi_4^\circ = - \frac{1}{\pi} \sum_i \sum_k \left[\left(\frac{1}{2} \frac{\Delta g_F}{G} + \frac{N_\sigma}{R}\right) \zeta^2 + \frac{h}{2RG} \Delta g_F\right] \frac{1}{1 + \zeta^2 + \sqrt{1+\zeta^2}} (r_{k+1} - r_k)(\lambda_{i+1} - \lambda_i) + \Phi_5^\circ . \tag{182}$$

$$\Phi_5^\circ + \Phi_6^\circ = + \frac{3}{2\pi R^2} \sum_i \sum_k N_\sigma h (r_{k+1} - r_k)(\lambda_{i+1} - \lambda_i) = - 3 \Phi_5^\circ . \tag{182a}$$

Bei genügend kleinen Werten von ζ erhalten wir für (180) bis (182a)

$$\sum_{i=1}^{6} \Phi_i^\circ = \Phi_{2'}^\circ - \frac{1}{2\pi} \sum_i \sum_k \zeta (N_{\sigma_{k+1}} - N_{\sigma_k})(\lambda_{i+1} - \lambda_i) - \frac{1}{4\pi} \sum_i \sum_k \left(\frac{\Delta g_F}{G} + \frac{5 N_\sigma}{2R}\right) \zeta^2 (r_{k+1} - r_k)(\lambda_{i+1} - \lambda_i) -$$

$$- \frac{1}{4\pi R} \sum_i \sum_k \left(\frac{\Delta g_F}{G} - 5 \frac{N_\sigma}{R}\right) h (r_{k+1} - r_k)(\lambda_{i+1} - \lambda_i) .$$

(158), (159):

$$\Phi_1^{\circ\circ} = \frac{1}{8\,\pi\,R^3} \sum_i \sum_k N_\sigma\, h \frac{1}{\sin\frac{\vartheta}{2}}\, \Delta\varkappa < 7\ \text{cm} \rightarrow 1\ \text{cm}\,. \tag{183}$$

(142), (144), (145):

$$\Phi_2^{\circ\circ} = -\frac{1}{8\,\pi\,R^2} \sum_i \sum_k N_\sigma \frac{\cos\frac{\vartheta}{2}}{\sin^2\frac{\vartheta}{2}} \left(\frac{h}{2\,R} \operatorname{cotg}\frac{\vartheta}{2} + v_x \cos\bar{\alpha} + v_y \sin\bar{\alpha}\right) \Delta\varkappa < 120\ \text{cm} \rightarrow 12\ \text{cm}\,. \tag{184}$$

(142), (150), (151):

$$\Phi_2^{\circ\circ} = \Phi_{2'}^{\circ\circ} + \Phi_{2''}^{\circ\circ} + \Phi_{2'''}^{\circ\circ} = -\frac{1}{2\,\pi} \sum_i [N_\sigma\,\zeta]_{\Delta r = 1000\,\text{km}} (\lambda_{i+1} - \lambda_i) + \frac{1}{8\,\pi\,R^2} \sum_i \sum_k h \frac{\cos\frac{\vartheta}{2}}{\sin^2\frac{\vartheta}{2}} (\xi \cos\bar{\alpha} + \eta \sin\bar{\alpha})\, \Delta\varkappa + \Phi_1^{\circ\circ} < 120\ \text{cm} \rightarrow 12\ \text{cm}\,. \tag{185}$$

(169), (169a):

$$\Phi_3^{\circ\circ} = 0\,. \tag{185a}$$

(163), (164), (168):

$$\Phi_4^{\circ\circ} = -\frac{1}{8\,\pi\,R^2} \sum_i \sum_k \left[\frac{1}{G} \Delta g_F + \frac{2}{R} N_\sigma\right] \frac{h}{\sin\frac{\vartheta}{2}}\, \Delta\varkappa < 60\ \text{cm} \rightarrow 6\ \text{cm}\,. \tag{186}$$

(170):

$$\Phi_5^{\circ\circ} = -\frac{1}{4\,\pi\,R^3} \sum_i \sum_k \frac{N_\sigma\, h}{\sin\frac{\vartheta}{2}}\, \Delta\varkappa < 15\ \text{cm} \rightarrow 1\ \text{cm}\,. \tag{187}$$

(171):

$$\Phi_6^{\circ\circ} = -4\, \Phi_5^{\circ\circ}\,. \tag{188}$$

$$\Phi_1^{\circ\circ} + \Phi_4^{\circ\circ} + \Phi_5^{\circ\circ} + \Phi_6^{\circ\circ} = -\frac{1}{8\pi R^2} \sum_i \sum_k \left[\frac{1}{G} \Delta g_F - 5 \frac{1}{R} N_\sigma\right] \frac{h}{\sin\frac{\vartheta}{2}} \Delta\varkappa < 112 \text{ cm} \rightarrow 11 \text{ cm}\,. \tag{189}$$

$$\Phi_2^{\circ\circ} = -\frac{1}{8\pi R^2} \sum_i \sum_k N_\sigma \frac{\cos\frac{\vartheta}{2}}{\sin^2\frac{\vartheta}{2}} \left(\frac{h}{2R} \operatorname{cotg}\frac{\vartheta}{2} + \nu_x \cos\bar{\alpha} + \nu_y \sin\bar{\alpha}\right) \Delta\varkappa < 120 \text{ cm} \rightarrow 12 \text{ cm}\,. \tag{190}$$

$$\Phi_3^{\circ\circ} = 0\,. \tag{191}$$

$$\Phi_1^{\circ\circ} + \Phi_{2'''}^{\circ\circ} + \Phi_4^{\circ\circ} + \Phi_5^{\circ\circ} + \Phi_6^{\circ\circ} = -\frac{1}{4\pi R^2} \sum_i \sum_k \left[\frac{1}{2G} \Delta g_F - 3 \frac{1}{R} N_\sigma\right] \frac{h}{\sin\frac{\vartheta}{2}} \Delta\varkappa < 119 \text{ cm} \rightarrow 12 \text{ cm}\,. \tag{192}$$

$$\Phi_{2'}^{\circ\circ} = -\Phi_{2'}^{\circ}\,. \tag{193}$$

$$\Phi_{2''}^{\circ\circ} = \frac{1}{8\pi R^2} \sum_i \sum_k h \frac{\cos\frac{\vartheta}{2}}{\sin^2\frac{\vartheta}{2}} (\xi \cos\bar{\alpha} + \eta \sin\bar{\alpha}) \Delta\varkappa < 120 \text{ cm} \rightarrow 12 \text{ cm}\,. \tag{194}$$

$$\Phi_3^{\circ\circ} = 0\,. \tag{195}$$

Hinter den Gleichungen (183) bis (195) sind die für $h^* = 9$ km berechneten maximalen Beträge und hinter dem Pfeil die für die durchschnittliche Festlandshöhe über dem Meere = 0,875 km [7] gültigen Mittelwerte angegeben. Die Summe der Mittelwerte für $\Phi_1^{\circ\circ} \ldots \Phi_6^{\circ\circ}$ übersteigt danach kaum 20 cm. Inzwischen ausgeführte numerische Berechnungen zeigen an, daß dieser Wert wahrscheinlich noch kleiner sein und etwa nur den zehnten Teil erreichen wird. Dieser günstige Umstand folgt aus der Tatsache, daß bei den hier ausgeführten groben Genauigkeitsabschätzungen zu den Gleichungen (183) bis (195) nicht berücksichtigt wurde, daß sehr weit voneinander entfernt liegende Geoidundulationen und Schwereanomalien als voneinander stochastisch unabhängig und gleichwahrscheinlich positiv und negativ im Sinne der mathematischen Statistik betrachtet werden müssen.

Literaturverzeichnis

[1] C. F. Baeschlin: Lehrbuch der Geodäsie. Zürich 1948.

[2] C. Somigliana: Teoria generale del campo gravitazionale dell'Ellissoide di rotazione. Memor. della Soc. Ital. Ser. 2. Bd. 4 (1927).

[3] H. Jeffreys: An application of the Free-air Reduction of Gravity. Gerl. Beiträge z. Geophysik 31 (1931).

[4] K. Arnold: Die Bestimmung der Geoidundulationen nach dem Greenschen Satz. Zeitschr. f. Vermessungsw. 10 (1956).

[5] K. Jung: Figur der Erde. Handbuch der Physik. Bd. 47. Geophysik I. Herausgegeben von J. Bartels. Springer-Verlag 1956.

[6] R. A. Hirvonen: The removal of spherical harmonics of first order from a field of observed gravity anomalies. Veröfftl. d. finn. Geod. Inst. Nr. 46. S. 59. Helsinki 1955.

[7] E. Kossinna: Die Erdoberfläche. Handbuch der Geophysik. Bd. II. S. 875. Herausgegeben von B. Gutenberg. Verlag Borntraeger 1933.

[8] K. Ledersteger: Die Reduktion der astronomischen Beobachtungen wegen Lotkrümmung. Schweiz. Z. f. Vermessung, Kulturtechnik und Photogrammetrie. Heft 8 (1955).

[9] J. de Graff-Hunter: The geodetic uses of gravity measurements and their appropriate reduction. Proc. Roy. Soc. A. Vol. 206 (1951).

[10] G. G. Stokes: On the variation of gravity at the surface of the earth. Trans. Cambridge Phil. Soc. 8 (1849).

[11] Vening-Meinesz: A formula expressing the deflection of the plumbline ... Proceedings of the Koninklijke Akademie van Wetenschappen te Amsterdam, Vol. XXXI, Nr. 3 (1928).

[12] M. P. Rudzki: Sur la détermination de la figure de la terre d'après les mesures de la gravité. Bulletin astronomique 22 (1905).

[13] M. H. Poincaré: Les mesures de gravité et la géodésie. Bulletin astronomique 18 (1901).

[14] P. Lejay: Remarques sur la précision et les applications des anomalies gravimétriques à la surface des Océans. Bureau Gravimétrique International 1956.

[15] L. Tanni: On the continental undulations of the Geoid ... Ann. Ac. Scient. Fennicae. A, III, 16. Helsinki 1948.

[16] O. D. Kellog: Foundations of potential theorie. Berlin 1929.

[17] D. A. Rice: Deflections of the vertical from gravity anomalies. Bull. géod. Nr. 25. Paris 1952.

[18] K. Arnold: Eine durch Oberflächenwerte bestimmte Reihenentwicklung für die Tangente der Lotlinie. Gerl. Beiträge z. Geophysik 66, Heft 2 (1957).

[19] M. Kneissl: Die Bildung eines einheitlichen europäischen Nivellementsnetzes. Zeitschr. f. Vermessungsw. 9 (1955).

[20] L. Tanni: The regional rise of the geoid in central europe. Ann. Ac. Scient. Fennicae A. III. 20. Helsinki 1949.

[21] H.-K. Meier: Über die Berechnung von Lotabweichungen für Aufpunkte im Hochgebirge. Deutsche Geodätische Kommission b. d. Bay. Ak. d. Wiss., Reihe C, Heft 16. München 1956.

[22] R. A. Hirvonen: On the precision of the gravimetric determination of the Geoid. Transaction, American geophysical union. Vol. 37. No. 1 (1956).

[23] G. D. Garland: Gravity and Isostasy. Handbuch der Physik, Bd. 47, Geophysik I. S. 202. Herausgegeben von J. Bartels. Springer-Verlag 1956.

[24] E. A. Ansel: Handbuch der Geophysik, Bd. 1. Herausgegeben von B. Gutenberg. Berlin 1936: Gebrüder Borntraeger.

[25] A. H. Cook: Approximations in the calculation of the form of the geoid from gravity anomalies. Month. Not. Roy. Astronom. Soc., Geophys. Suppl. 6, 442 (1953).

[26] H. Jeffreys: On the figure of the earth. Gerlands Beiträge zur Geophysik 36, 206 (1932).

[27] W. D. Lambert: The reduction of observed values of gravity to sea level. Bull. géodésique. No. 26, 107 (1930).

[28] H. Jeffreys: The determination of the earth's gravitational field. Month. Not. Roy. Astronom. Soc. Geophys. Suppl. 6, 442 (1953).

[29] A. H. Cook: A note on the errors involved in the calculation of elevations of the geoid. Proc. of the Roy. Soc., A. Vol. 208 (1951).

[30] A. H. Cook: The calculation of deflections of the vertical from gravity anomalies. Proc. of the Roy. Soc., A. Vol. 204 (1950).

[31] J. de Graff-Hunter: The figure of the earth from gravity observations and the precision obtainable. Phil. Trans. of the Roy. Soc. Vol. 134, 377—431.

[32] J. J. Levallois: Sur une équation intégrale très général de la gravimétrie. Association Internationale de Géodésie. Groupe d'Etudes No. 8 (1957).

[33] R. Wavre: Figures planétaires et géodésie. Paris 1932.

[34] H. Jeffreys: The free-air reduction of gravity to the second order. Geophys. Suppl. Monthly Not. Roy. astr. Soc. 6 (1952) S. 316.

[35] K. Arnold: Die Co-Geoide der Freiluftreduktion. Gerl. Beiträge z. Geophysik, 66, Heft 3 (1957).

Schwerewerte in großen Höhen über der Erdoberfläche

A.

W sei das sich aus dem Gravitationspotential und dem Potential der Zentrifugalkraft zusammensetzende tatsächliche Schwerepotential der Erde.

U sei das „normale" Schwerepotential der Erde. Dieses ist dadurch charakterisiert, daß es — als Begrenzung seines Außenraumes — eine bestimmte streng sphäroidische Niveaufläche hat.

$W - U$ ist dann die als Störpotential bezeichnete Größe T.

$$T = W - U . \tag{1}$$

W und U sind im Außenraum der Erde bis auf die durch die Zentrifugalkraft erzeugten Glieder harmonische Funktionen. In der Differenz hebt sich das durch die Rotation der Erde entstehende Glied fort, also ist T eine im Außenraum der Erde harmonische Funktion.

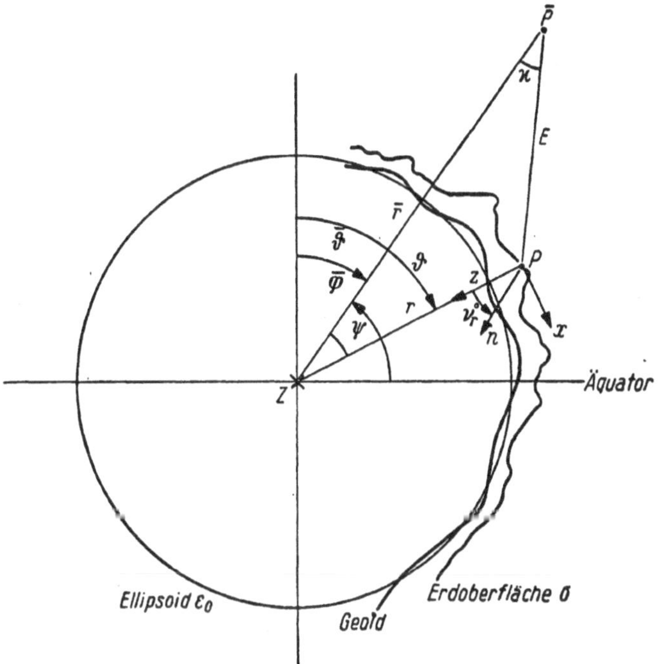

Bild 9

So gilt im massenfreien Außenraum der Erde für T folgende Beziehung, aufgrund der zweiten Identität von Green [6], [1]:

$$T = \frac{1}{4\pi} \iint_\sigma \frac{1}{E} \frac{\partial T}{\partial n} d\sigma - \frac{1}{4\pi} \iint_\sigma T \frac{\partial}{\partial n} \left(\frac{1}{E}\right) d\sigma . \tag{2}$$

Vgl. Bild 9. In Bild 9 liegt P im Meridian des Punktes $\bar{P}$.

Aus (1) ergibt sich

$$\frac{\partial T}{\partial \bar{r}} = \frac{\partial W}{\partial \bar{r}} - \frac{\partial U}{\partial \bar{r}} \tag{3}$$

und weiter

$$\frac{\partial W}{\partial \bar{r}} = - \left| \nabla W \right| \cos(\vec{g}, \vec{\bar{r}}), \tag{4}$$

$$\frac{\partial U}{\partial r} = - \left| \nabla U \right| \cos(\vec{\gamma}, \vec{\bar{r}}), \tag{5}$$

g ist der Vektor der tatsächlichen Schwere,
$\vec{\gamma}$ der „normale" Schwerevektor.
$\vec{\bar{r}}$ ist der vom Punkt $\bar{P}$ zum Mittelpunkt der Erde zeigende Vektor. Es ist ferner

$$|\nabla W| = g, \qquad |\nabla U| = \gamma. \tag{6}$$

Wir wollen jetzt die Winkel

$$\sphericalangle(\vec{\gamma}, \vec{\bar{r}}), \qquad \sphericalangle(\vec{g}, \vec{\bar{r}})$$

bestimmen. Zunächst wenden wir uns dem Winkel $\sphericalangle(\gamma, \vec{\bar{r}})$ zu. Der Vektor $\vec{\gamma}$ liegt in der Meridianebene. Sein Winkel mit der Äquatorebene ergibt sich aus der geographischen Breite seines Lotfußpunktes $\bar{P}'$ auf dem Ellipsoid ε_0 — $\bar{\varphi}^*$ — und der „normalen" Lotkrümmung — $\mathring{\Delta}\bar{\varphi}^*$ — (Bild 10).

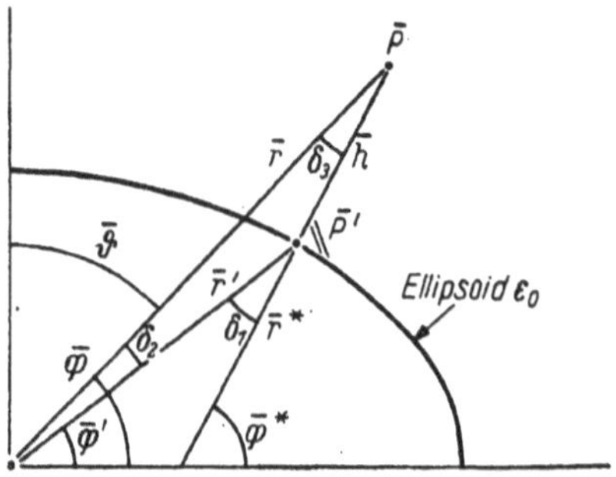

Bild 10

Ist $\bar{\varphi}$ die geozentrische Breite des Punktes $\bar{P}$, so wird

$$\cos(\vec{\gamma}, \vec{\bar{r}}) = \cos(\bar{\varphi}^* + \Delta\bar{\varphi}^* - \bar{\varphi}), \tag{7}$$

$$\bar{\varphi}^* - \bar{\varphi} = \delta_1 - \delta_2 = \delta_3,$$

$$\cos(\vec{\gamma}, \vec{\bar{r}}) = \cos\delta_3 [\cos\Delta\bar{\varphi}^* - \operatorname{tg}\delta_3 \sin\Delta\bar{\varphi}^*]. \tag{7a}$$

Bekanntlich ist, [5], S. 44,

$$\delta_1 = \bar{\varphi}^* - \bar{\varphi}' = + \frac{e^2}{2} \sin 2\varphi^* = \alpha \sin 2\bar{\varphi}^*. \tag{8}$$

Aus Bild 10 ergibt sich

$$\frac{\sin\delta_3}{\delta_1} = \frac{\bar{r}'}{\bar{r}}$$

und, solange $\delta_1 \frac{\bar{r}'}{\bar{r}}$ eine kleine Größe ist,

$$\frac{\delta_3}{\delta_1} = \frac{\bar{r}'}{\bar{r}}. \tag{9}$$

Ist R der mittlere Erdradius, so gilt in erster Annäherung

$$\bar{r} = R + \bar{h}, \qquad \bar{r}' = R.$$

Also

$$\delta_3 = \bar{\varphi}^* - \bar{\varphi} = \frac{e^2}{2} \sin 2\bar{\varphi}^* \left(1 - \frac{\bar{h}}{R}\right). \tag{10}$$

Für die „normale" Lotkrümmung $\Delta\bar{\varphi}^*$ gilt bekanntlich in 1. Näherung, [4], S. 560,

$$\Delta\bar{\varphi}^* \cong + 0{,}171 \sin 2\bar{\varphi}^* \cdot \bar{h}_{\text{km}}. \tag{11}$$

Folglich

$$\bar{\varphi}^* + \Delta\bar{\varphi}^* - \bar{\varphi} = \delta_3 + \Delta\bar{\varphi}^* = \left[\frac{e^2}{2}\left(1 - \frac{\bar{h}}{R}\right) + \frac{0{,}''171\,\bar{h}_{\text{km}}}{\varrho''}\right] \sin 2\bar{\varphi}^*. \tag{12}$$

$\delta_3 + \Delta\bar{\varphi}^*$ ist also auf der Nordhalbkugel immer positiv, d. h. der Vektor γ ist immer stärker gegen die Äquatorebene geneigt als der Vektor $\vec{\bar{r}}$. Bestimmen wir jetzt $\cos(\vec{g}, \vec{\bar{r}})$.

Aus Bild 11, das ein sphärisches Abbild der Vektoren $\vec{\bar r}$, $\vec\gamma$, $\vec g$ darstellt, folgt, wenn $\bar\Theta$ die Lotabweichung im Punkte $\bar P$ und $\bar\xi$, $\bar\eta$ ihre Komponenten sind:

$$\left[(\vec\gamma, \vec{\bar r}) + \bar\xi\right]^2 + \bar\eta^2 = (\vec g, \vec{\bar r})^2 , \tag{13}$$

$$(\vec\gamma, \vec{\bar r})^2 + \bar\Theta^2 + 2\,\bar\Theta \cos\bar\alpha(\vec\gamma, \vec{\bar r}) = (\vec g, \vec{\bar r})^2 . \tag{14}$$

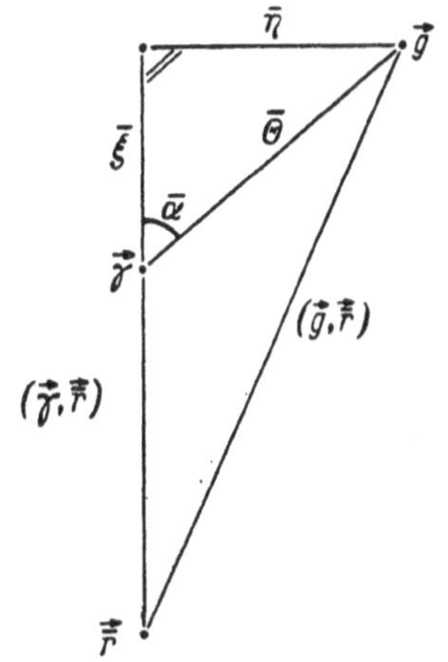

Bild 11

Aus (14) folgt leicht

$$(\vec\gamma, \vec{\bar r}) + \bar\varkappa\,\bar\Theta = (\vec g, \vec{\bar r}) , \tag{15}$$

mit

$$\bar\varkappa^2 \leqq 1 . \tag{16}$$

Aus Gleichung (15) erhalten wir dann

$$\cos(\vec g, \vec{\bar r}) = \cos\left[(\vec\gamma, \vec{\bar r}) + \bar\varkappa\,\bar\Theta\right] = \cos\left[\delta_3 + \Delta\bar\varphi^* + \bar\varkappa\,\bar\Theta\right]$$

$$= \cos\delta_3\left[\cos\Delta\bar\varphi^*\cos\bar\varkappa\,\bar\Theta - \sin\Delta\bar\varphi^*\sin\bar\varkappa\,\bar\Theta - \operatorname{tg}\delta_3\left(\sin\Delta\bar\varphi^*\cos\bar\varkappa\,\bar\Theta + \cos\Delta\bar\varphi^*\sin\varkappa\,\bar\Theta\right)\right]$$

$$= \cos\delta_3\left[(\cos\Delta\bar\varphi^* - \operatorname{tg}\delta_3\sin\Delta\bar\varphi^*) + \Delta\right] ,$$

$$\Delta \cong -\frac{\bar\varkappa^2\,\bar\Theta^2}{2} - \Delta\bar\varphi^*\cdot\bar\varkappa\,\bar\Theta + \delta_3\,\Delta\varphi^*\frac{\bar\varkappa^2\,\bar\Theta^2}{2} - \delta_3\,\bar\varkappa\,\bar\Theta . \tag{17}$$

Mit

$$\bar\varkappa = 1 , \qquad \bar\Theta = 0{,}'5 , \qquad \Delta\bar\varphi^* = 3' , \qquad \delta_3 = 3\cdot 10^{-3} \tag{18}$$

ergibt sich

$$\Delta = -10^{-8} - 10^{-7} + 3\cdot 10^{-14} - 5\cdot 10^{-7} . \tag{19}$$

Mit einem Fehler, der kleiner als $6\cdot 10^{-7}$ ist, folgt

$$\cos(\vec g, \vec{\bar r}) = \cos\delta_3\,(\cos\Delta\bar\varphi^* - \operatorname{tg}\delta_3\sin\Delta\bar\varphi^*) = \cos(\vec\gamma, \vec{\bar r}) , \tag{20}$$

(3) wird mit einem Fehler, der kleiner als 0,6 mgal ist:

$$\frac{\partial T}{\partial\bar r} = -(g-\gamma)_{\bar P}\cos(\gamma, \vec{\bar r}) \tag{21}$$

und schließlich, wenn wir noch einmal $9\cdot 10^{-6}$ tolerieren

$$\frac{\partial T}{\partial\bar r} = -(g-\gamma)_{\bar P} . \tag{22}$$

(22) ist auf 0,6 mgal genau.

(22) und (2) ergeben

$$4\pi\,(g-\gamma)_{\bar P} = -\iint_\sigma \frac{\partial T}{\partial n}\frac{\partial}{\partial\bar r}\left(\frac{1}{E}\right)d\sigma + \iint_\sigma T\,\frac{\partial^2}{\partial\bar r\,\partial n}\left(\frac{1}{E}\right)d\sigma . \tag{23}$$

Nach Bild 9 ist

$$\frac{\partial E}{\partial \bar{r}} = \cos \chi \,. \tag{24}$$

So folgt

$$4\pi (g - \gamma)_{\bar{P}} = \iint_\sigma \frac{\partial T}{\partial n} \frac{1}{E^2} \cos \chi \, d\sigma - \iint_\sigma T \frac{\partial}{\partial n} \left(\frac{1}{E^2} \cos \chi \right) d\sigma \,. \tag{25}$$

Zur Bestimmung von

$$\frac{\partial}{\partial n} \left(\frac{1}{E^2} \cos \chi \right)$$

führen wir im Punkte P ein rechtwinkliges x, y, z-Koordinatensystem ein. Die z-Achse zeigt vom Punkte P zum Erdmittelpunkt. Die x-Achse liegt in der von $\vec{\bar{r}}$ und $\vec{r}$ aufgespannten Ebene und zeigt in die Richtung des wachsenden ψ. Bei einer infinitesimalen Bewegung entlang der y-Achse ist $\chi =$ konst. und $E =$ konst. (Bild 9). Mit diesen Voraussetzungen erhalten wir

$$\frac{\partial}{\partial n} \left(\frac{1}{E^2} \cos \chi \right) = \frac{\partial}{\partial x} \left(\frac{1}{E^2} \cos \chi \right) \cos (x, n) + \frac{\partial}{\partial z} \left(\frac{1}{E^2} \cos \chi \right) \cos (z, n) \,, \tag{26}$$

$$\frac{\partial}{\partial x} \left(\frac{1}{E^2} \cos \chi \right) = \frac{1}{r} \frac{\partial}{\partial \psi} \left(\frac{1}{E^3} E \cos \chi \right) = - \frac{3}{r} \frac{1}{E^3} \cos \chi \frac{\partial E}{\partial \psi} + \frac{1}{r E^3} \frac{\partial}{\partial \psi} (E \cos \chi) \,.$$

Wir finden leicht aus Bild 9

$$E \cos \chi + r \cos \psi = \bar{r} \,, \tag{27}$$

$$\frac{\partial}{\partial \psi} (E \cos \chi) = r \sin \psi \,,$$

$$E^2 = \bar{r}^2 + r^2 - 2 \bar{r} r \cos \psi \,, \tag{28}$$

$$E \frac{\partial E}{\partial \psi} = \bar{r} r \sin \psi \,.$$

Also

$$\frac{\partial}{\partial x} \left(\frac{1}{E^2} \cos \chi \right) = - 3 \frac{1}{E^4} \bar{r} \sin \psi \cos \chi + \frac{1}{E^3} \sin \psi$$

und nach einfachen Umformungen mit (27) und (28)

$$\frac{\partial}{\partial x} \left(\frac{1}{E^2} \cos \chi \right) = \frac{\sin \psi}{E^5} (\bar{r} r \cos \psi - 2 \bar{r}^2 + r^2) \,.$$

Setzen wir

$$\bar{r} = R + \Delta R \,, \qquad r = R \,, \tag{29}$$

wenn R der mittlere Erdradius ist, so folgt

$$\frac{\partial}{\partial x} \left(\frac{1}{E^2} \cos \chi \right) \cong R^2 \frac{\sin \psi}{E^5} \left[\frac{\Delta R}{R} \left(\cos \psi - 4 - 2 \frac{\Delta R}{R} \right) - 2 \sin^2 \frac{\psi}{2} \right] . \tag{30}$$

Wir betrachten nun den zweiten Differentialquotienten in (26)

$$- \frac{\partial}{\partial z} \left(\frac{1}{E^2} \cos \chi \right) = \frac{\partial}{\partial r} \left(\frac{1}{E^3} E \cos \chi \right) = - \frac{3}{E^3} \cos \chi \frac{\partial E}{\partial r} + \frac{1}{E^3} \frac{\partial}{\partial r} (E \cos \chi) \,.$$

Aus (27) und (28) folgt

$$E \frac{\partial E}{\partial r} = r - \bar{r} \cos \psi \,,$$

$$\frac{\partial}{\partial r} (E \cos \chi) = - \cos \psi \,,$$

$$- \frac{\partial}{\partial z} \left(\frac{1}{E^2} \cos \chi \right) = - \frac{3}{E^4} \cos \chi (r - \bar{r} \cos \psi) - \frac{1}{E^3} \cos \psi \,. \tag{31}$$

Mit (28) folgt

$$-\frac{\partial}{\partial z}\left(\frac{1}{E^2}\cos\chi\right) = -\frac{1}{E^5}\left[\bar{r}\, r\,(3+\cos^2\psi) - 2\cos\psi\,(\bar{r}^2 + r^2)\right]. \tag{32}$$

Setzen wir in (32) die Gleichungen (29) ein, dann haben wir

$$\frac{\partial}{\partial z}\left(\frac{1}{E^2}\cos\chi\right) \cong + \frac{R^2}{E^5}\left[(\cos^2\psi - 4\cos\psi + 3)\left(1+\frac{\Delta R}{R}\right) - 2\left(\frac{\Delta R}{R}\right)^2\cos\psi\right]. \tag{33}$$

Wir bestimmen schließlich noch cos (x, n) und cos (z, n). Bild 9 liefert:

$$\cos(x, n) = \cos\,(90^\circ - \nu_r^\circ) = \sin\nu_r^\circ\,, \tag{34}$$

$$\cos(z, n) = \cos\nu_r^\circ\,. \tag{35}$$

ν_r° ist die Projektion des Winkels zwischen dem geozentrischen Radiusvektor und der Normalen der Erdoberfläche auf die Ebene Z, $\bar{P}$, P. Bei numerischen Berechnungen ist es von Wichtigkeit, den Winkel ν_r° durch die radiale Komponente des Winkels zwischen der Ellipsoidnormalen und der Normalen der Erdoberfläche, d. i. die radiale Komponente der Geländeneigung ν_r, zu ersetzen. Betrachten wir Bild 12.

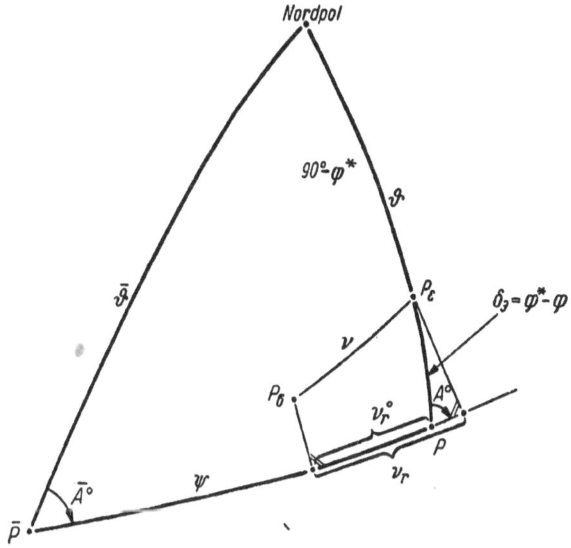

Bild 12

$\bar{\vartheta}$ bzw. ϑ ist die geozentrische Poldistanz.

φ bzw. φ ist die geozentrische Breite, also das Komplement von ϑ bzw. ϑ.

φ^* ist die geographische Breite.

$P_\sigma(P_\varepsilon)$ sind die sphärischen Bilder der nach außen zeigenden Normalen der Erdoberfläche (der Ellipsoidfläche). Die Höhe h des Punktes P über dem Ellipsoid können wir dabei vernachlässigen. δ_3 ergibt sich nach Gleichung (10)

$$\delta_3 = \mathfrak{a}\sin 2\,\varphi^*\left(1-\frac{h}{R}\right) \cong \mathfrak{a}\sin 2\,\varphi^*. \tag{36}$$

Aus Bild 12 lesen wir ab:

$$\nu_r^\circ = \nu_r - \delta_3\cos A^\circ\,. \tag{37}$$

$$\cos\varphi\sin\bar{A}^\circ = \cos\varphi\cdot\sin A^\circ\,,$$

Folglich

$$\nu_r^\circ = \nu_r - \mathfrak{a}\sin 2\,\varphi^* \sqrt[\pm]{1-\frac{\cos^2\bar{\varphi}}{\cos^2\varphi}\sin^2\bar{A}^\circ} = \nu_r - \delta\,\nu_r. \tag{38}$$

Das Vorzeichen der Wurzel bestimmt sich aus dem von cos A°.

(34), (35), (38) ergeben:

$$\left.\begin{aligned}\cos(x, n) &= \sin \nu_r \cos \delta \nu_r - \cos \nu_r \sin \delta \nu_r\,,\\ \cos(x, n) &\cong \sin \nu_r - \sin \delta \nu_r = \nu_r - \delta \nu_r\,,\\ \cos(z, n) &= \cos \nu_r \cos \delta \nu_r + \sin \nu_r \sin \delta \nu_r\,,\end{aligned}\right\} \tag{39}$$

$$\cos(z, n) \cong \cos \nu_r \cong 1\,. \tag{40}$$

Nachdem somit

$$\frac{\partial}{\partial n}\left(\frac{1}{E^2}\cos\chi\right)$$

bestimmt ist, wenden wir uns

$$\frac{1}{E^2}\cos\chi$$

zu. Mit (27) wird

$$\frac{1}{E^2}\cos\chi = \frac{1}{E^3}(\bar{r} - r\cos\psi) \tag{41}$$

und mit (29)

$$\frac{1}{E^2}\cos\chi = R\,\frac{1}{E^3}\left(\frac{\Delta R}{R} + 2\sin^2\frac{\psi}{2}\right). \tag{42}$$

Das Flächenelement der Erdoberfläche, $d\sigma$, können wir in genügender Annäherung durch das Flächenelement des Ellipsoids, $d\varepsilon$, ersetzen; denn es gilt:

$$d\sigma\,\frac{\cos(\vec{\gamma}, \vec{n})}{(R+h)^2} = d\sigma\,\frac{\cos\nu}{(R+h)^2} = d\varepsilon\,\frac{1}{R^2}\,,$$

$$d\sigma = \frac{1}{\cos\nu}\left(1 + 2\,\frac{h}{R}\right)d\varepsilon \cong d\varepsilon\,. \tag{43}$$

Mit einem relativen Fehler von der Größenordnung der Abplattung $\frac{1}{297}$ können wir $d\varepsilon$ durch das Flächenelement der mittleren Erdkugel, $d\varkappa$, ersetzen.

$$d\varepsilon \cong d\varkappa\,. \tag{44}$$

Schließlich wollen wir noch (28) mit (29) vereinfachen. Es ergibt sich

$$E^2 \cong \Delta R^2 + 4\,R\,\bar{r}\sin^2\frac{\psi}{2}\,. \tag{45}$$

Wir führen nun noch $\frac{\partial T}{\partial n}$ auf die Freiluftanomalie Δg_F zurück. Aus [2] können wir entnehmen:

$$\frac{\partial T}{\partial n} = (g - \gamma)_\sigma \cos\nu + \Theta_\sigma\, g_\sigma\, \nu \cos(\alpha - A)\,. \tag{46}$$

g_σ bzw. γ_σ sind die tatsächliche bzw. „normale" Schwere an der Erdoberfläche im Punkte P.
ν ist der Neigungswinkel des Geländes, vgl. Bild 12.
Θ_σ ist der absolute (auf das Ellipsoid ε bezogene) Betrag der Lotabweichung an der Erdoberfläche.
α bzw. A ist das Azimut der Lotabweichung Θ_σ, bzw. der Geländeneigung ν.

Ist

$$\Theta_\sigma < 20''\,, \qquad \nu < \frac{1}{50}\,,$$

so ist das letzte Glied der Gleichung (46) kleiner als 2 mgal. Wir erhalten daher genügend genau:

$$\frac{\partial T}{\partial n} = (g - \gamma)_\sigma \cos\nu\,. \tag{47}$$

Nun ist, vgl. [2]

$$\gamma_\sigma = \gamma_{\varepsilon_0} - 2\,\bar{H}_\gamma\,\bar{g}\,h_2 - 2\,\omega^2 h_2 - 2\,\bar{H}_\gamma\,T_\sigma - 2\,\omega^2 N_{\varepsilon_0}\,.$$

h_2 ist die orthometrische Höhe über dem Geoid.

Setzen wir für die Freiluftanomalie [2]

$$\Delta g_F = g_\sigma - \gamma_{\varepsilon_0} + 2\,\bar{\bar{H}}_\gamma\, \bar{g}\, h_2 + 2\,\omega^2 h_2 \cong g_\sigma - \gamma_{\varepsilon_0} + 2\,\frac{g}{R}\, h_2\,,$$

so folgt in guter Annäherung

$$\frac{\partial T}{\partial n} = \left(\Delta g_F + 2\,\frac{G}{R}\,N\right)\cos\nu\,. \tag{48}$$

G ist ein globaler Mittelwert der Schwere.

Mit

$$T = G\,N \tag{49}$$

wird dann aus (25), mit (26), (30), (33), (39), (40), (42), (44), (48), (49):

$$\begin{aligned} 4\pi\,(g-\gamma)_{\bar{P}} = {} & R \iint_\varkappa \left[\Delta g_F + 2\,\frac{G}{R}\,N\right] \frac{1}{E^3}\left[\frac{\Delta R}{R} + 2\sin^2\frac{\psi}{2}\right] d\varkappa \\ & - G\,R^2 \iint_\varkappa \frac{N}{E^5}\left[\sin\psi \left\langle \frac{\Delta R}{R}\left(\cos\psi - 4 - 2\,\frac{\Delta R}{R}\right) - 2\sin^2\frac{\psi}{2}\right\rangle (\nu_r - \delta\nu_r) + \right. \\ & \left. + \left\langle (\cos^2\psi - 4\cos\psi + 3)\left(1 + \frac{\Delta R}{R}\right) - 2\left(\frac{\Delta R}{R}\right)^2 \cos\psi \right\rangle\right] d\varkappa\,. \end{aligned} \tag{50}$$

In dem Integral

$$G\,R^2 \iint_\varkappa \frac{N}{E^5}\left[\sin\psi \langle\cdots\rangle (\nu_r - \delta\nu_r)\right] d\varkappa$$

haben wir dabei den Faktor

$$\frac{1}{\cos\nu} \cong 1 + \frac{1}{2}\,\nu^2$$

in sicherlich genügender Annäherung gleich 1 gesetzt.

B.

Wir wollen jetzt dasselbe Problem im Falle horizontalen Geländes mit Hilfe von Kugelfunktionen lösen.

Im Falle horizontalen Geländes ist

$$\nu_r = 0$$

und (2) wird mit (48) und (49):

$$T = \frac{1}{4\pi} \iint_\varepsilon \frac{1}{E} \left[\Delta g_F + 2\frac{G}{R} N\right] d\varepsilon + \frac{G}{4\pi} \iint_\varepsilon N \frac{\partial}{\partial r^*}\left(\frac{1}{E}\right) d\varepsilon . \tag{51}$$

Die Bedeutung von r^* ist aus Bild 10 zu entnehmen. Es ist ferner

$$\frac{1}{E} \cong \sum_{n=0}^{\infty} \frac{r^n}{\bar{r}^{n+1}} P_n(\cos\psi) . \tag{52}$$

Die Differentiation von (51) nach $\bar{r}$ liefert mit (22)

$$4\pi (g-\gamma)_{\bar{P}} = -\iint_\varepsilon \left[\Delta g_F + 2\frac{G}{R} N\right] \frac{\partial}{\partial \bar{r}}\left(\frac{1}{E}\right) d\varepsilon - G \iint_\varepsilon N \frac{\partial^2}{\partial \bar{r}\, \partial r^*}\left(\frac{1}{E}\right) d\varepsilon . \tag{53}$$

Wir differenzieren (52) nach $\bar{r}$ und erhalten

$$\frac{\partial}{\partial \bar{r}}\left(\frac{1}{E}\right) = -\sum_{n=0}^{\infty} (n+1) \frac{r^n}{\bar{r}^{n+2}} P_n(\cos\psi) . \tag{54}$$

r ist in erster Annäherung gleich dem mittleren Erdradius R

$$r = R + \Delta R(\vartheta, \lambda) = R\left(1 + \frac{\Delta R}{R}\right),$$

$$r^n = R^n\left(1 + \frac{\Delta R}{R}\right)^n = R^n\left[1 + n\frac{\Delta R}{R} + \frac{n(n-1)}{2}\left(\frac{\Delta R}{R}\right)^2 + \cdots\right].$$

Setzen wir diese Reihenentwicklung in (54) ein, so folgt

$$\frac{\partial}{\partial \bar{r}}\left(\frac{1}{E}\right) = -\sum_{n=0}^{\infty} (n+1) \frac{R^n}{\bar{r}^{n+2}} P_n(\cos\psi)\left[1 + n\frac{\Delta R}{R}\right]. \tag{55}$$

Wir wollen in (50) auch $\delta\nu_r$ vernachlässigen und können so die Differentiation nach r^* durch die nach r ersetzen. Wir erhalten aus (54):

$$\frac{\partial}{\partial r^*}\frac{\partial}{\partial \bar{r}}\left(\frac{1}{E}\right) = \frac{\partial}{\partial r}\frac{\partial}{\partial \bar{r}}\left(\frac{1}{E}\right)\frac{dr}{dr^*} = \frac{\partial^2}{\partial r\, \partial \bar{r}}\left(\frac{1}{E}\right)\cos\delta_1 = -\sum_{n=0}^{\infty} n(n+1)\frac{r^{n-1}}{\bar{r}^{n+2}} P_n(\cos\psi)\cdot\cos\delta_1$$

$$\cong -\sum_{n=0}^{\infty} n(n+1)\frac{R^{n-1}}{\bar{r}^{n+2}} P_n(\cos\psi)\left[1 + (n-1)\frac{\Delta R}{R}\right].$$

Schreiben wir zur Abkürzung

$$\varkappa_n = (n+1)\frac{R^n}{\bar{r}^{n+2}}, \tag{56}$$

so haben wir schließlich

$$\frac{\partial}{\partial \bar{r}}\left(\frac{1}{E}\right) = -\sum_{n=0}^{\infty} \varkappa_n P_n(\cos\psi)\left[1 + n\frac{\Delta R}{R}\right], \tag{57}$$

$$-\frac{\partial^2}{\partial \bar{r}\, \partial r}\left(\frac{1}{E}\right) = \frac{1}{R}\sum_{n=0}^{\infty} n\,\varkappa_n P_n(\cos\psi)\left[1 + (n-1)\frac{\Delta R}{R}\right]. \tag{58}$$

(53), (57), (58) ergeben:

$$4\pi(g-\gamma)_{\bar P} = \iint\limits_{\varepsilon} \left(\Delta g_F + 2\frac{G}{R}N\right)\sum_{n=0}^{\infty}\varkappa_n P_n(\cos\psi)\left[1+n\frac{\Delta R}{R}\right]d\varepsilon$$

$$+\frac{G}{R}\iint\limits_{\varepsilon} N\sum_{n=0}^{\infty} n\,\varkappa_n P_n(\cos\psi)\left[1+(n-1)\frac{\Delta R}{R}\right]d\varepsilon\,. \tag{59}$$

Wir führen für Δg_F, N, $P_n(\cos\psi)$ Kugelfunktionsentwicklungen ein

$$\Delta g_F = \sum_{n=2}^{\infty} {}_1Y_n = \sum_{n=2}^{\infty}\sum_{\nu=0}^{n}(a_{n\cdot\nu}\cos\nu\lambda + b_{n\cdot\nu}\sin\nu\lambda)\,P_{n\cdot\nu}(\vartheta)\,, \tag{60}$$

$$N = \frac{1}{4\pi G R}\iint\limits_{\varkappa}\Delta g_F\, S_T(\psi)\,d\varkappa = \frac{1}{4\pi G R}\iint\limits_{\varkappa}\Delta g_F\sum_{n=2}^{\infty}\frac{2n+1}{n-1}P_n(\cos\psi)\,d\varkappa\,, \tag{61}$$

$$N = \sum_{n=2}^{\infty} {}_2Y_n = \sum_{n=2}^{\infty}\sum_{\nu=0}^{n}(A_{n\cdot\nu}\cos\nu\lambda + B_{n\cdot\nu}\sin\nu\lambda)\,P_{n\cdot\nu}(\vartheta)\,, \tag{61a}$$

$$P_n(\cos\psi) = P_n(\cos\bar\vartheta)\,P_n(\cos\vartheta) + 2\sum_{\nu=1}^{n}\frac{(n-\nu)!}{(n+\nu)!}\Big[P_{n\cdot\nu}(\bar\vartheta)\cos\nu\bar\lambda\cos\nu\lambda +$$

$$+\,P_{n\cdot\nu}(\bar\vartheta)\sin\nu\bar\lambda\sin\nu\lambda\Big]\,P_{n\cdot\nu}(\vartheta)\,. \tag{62}$$

Es ist ferner

$$d\varkappa = R^2\sin\vartheta\,d\vartheta\,d\lambda\,. \tag{63}$$

Wir erhalten aus einer bekannten Eigenschaft der Kugelfunktionen

$$\int_0^{\pi}\int_0^{2\pi} Y_n(\vartheta,\lambda)\,P_n(\cos\psi)\,d\varkappa\left(1+n\frac{\Delta R(\vartheta,\lambda)}{R}\right) = R^2\frac{4\pi}{2n+1}\,Y_n(\bar\vartheta,\bar\lambda)\left[1+n\frac{\overline{\Delta R(\vartheta,\lambda)}}{R}\right]. \tag{64}$$

$\overline{\Delta R(\vartheta,\lambda)}$ ist ein geeignet gewählter Mittelwert von $\Delta R(\vartheta,\lambda)$. Aus (61), (64) finden wir folgende Beziehung zwischen der Kugelfunktionsentwicklung für Δg_F und N

$$\frac{G}{R}\,{}_2Y_n = \frac{1}{n-1}\,{}_1Y_n\,, \tag{65}$$

$$\frac{G}{R}\begin{Bmatrix}A_{n\cdot\nu}\\B_{n\cdot\nu}\end{Bmatrix} = \frac{1}{n-1}\begin{Bmatrix}a_{n\cdot\nu}\\b_{n\cdot\nu}\end{Bmatrix}. \tag{66}$$

Entwickeln wir noch $(g-\gamma)_{\bar P}$

$$(g-\gamma)_{\bar P} = \sum_{n=2}^{\infty}{}_3Y_n = \sum_{n=2}^{\infty}\sum_{\nu=0}^{n}\left(C_{n\cdot\nu}\cos\nu\bar\lambda + D_{n\cdot\nu}\sin\nu\bar\lambda\right)P_{n\cdot\nu}(\bar\vartheta)\,. \tag{67}$$

So erhalten wir aus (59), wenn wir mit einem relativen Fehler von der Größenordnung der Abplattung; $\frac{1}{297}$; $d\varepsilon$ durch $d\varkappa$ ersetzen:

$$4\pi\,{}_3Y_n = R^2\frac{4\pi}{2n+1}\left[{}_1Y_n\varkappa_n\left(1+n\frac{\overline{\Delta R}}{R}\right)+2\frac{G}{R}\,{}_2Y_n\varkappa_n\left(1+n\frac{\overline{\Delta R}}{R}\right)+\frac{G}{R}\,{}_2Y_n n\,\varkappa_n\left(1+(n-1)\frac{\overline{\Delta R}}{R}\right)\right], \tag{68}$$

$$n = 2, 3\,\ldots\,.$$

Ersetzen wir ${}_2Y_n$ durch ${}_1Y_n$, so folgt

$${}_3Y_n = R^2\frac{1}{2n+1}\,{}_1Y_n\left[\varkappa_n\left(1+n\frac{\overline{\Delta R}}{R}\right)+\varkappa_n\frac{2}{n-1}\left(1+n\frac{\overline{\Delta R}}{R}\right)+\varkappa_n\frac{n}{n-1}\left(1-(n-1)\frac{\overline{\Delta R}}{R}\right)\right]. \tag{69}$$

Bei praktischen Berechnungen wird man sich auf die Kugelfunktionen bis etwa zur Ordnung $n = 10$ beschränken.

Setzen wir für $\overline{\Delta R}$ den Maximalwert $\Delta R_{\max} = 11$ km, so errechnet sich für $n\,\frac{\overline{\Delta R}}{R}$ folgende Tabelle:

n	$n\,\frac{\overline{\Delta R}}{R}$
2	0,0035
3	0,0052
4	0,0069
5	0,0086
6	0,0104
7	0,0121
8	0,0138
9	0,0155
10	0,0173

(70)

Mit relativen Fehlern, die kleiner sind als die in Tabelle (70) angegebenen, resultiert schließlich

$$_3Y_n \cong R^2\,\frac{\varkappa_n}{n-1}\,{}_1Y_n \qquad n = 2, 3 \ldots, \tag{71}$$

$$_3Y_n \cong \frac{n+1}{n-1}\left(\frac{R}{\bar{r}}\right)^{n+2}{}_1Y_n \qquad n = 2, 3 \ldots . \tag{72}$$

Um $g_{\bar{P}}$ bestimmen zu können, brauchen wir neben $(g-\gamma)_{\bar{P}}$ auch $\gamma_{\bar{P}}$. Dieses ergibt sich aus dem Potential der Normalschwere U. Die zur Bestimmung von $\gamma_{\bar{P}}$ folgenden Untersuchungen geschehen in enger Anlehnung an K. Jung [4]. Für einen Punkt im Außenraum gilt:

$$4\,\pi\,U_{\bar{P}} = + \iint\limits_{\varepsilon} \frac{1}{E}\,\frac{\partial U}{\partial r^*}\,d\varepsilon\,. \tag{73}$$

Für die Normalschwere $\bar{\gamma}$ auf dem Ellipsoid ε gilt nach Somigliana ein geschlossener Ausdruck, der sich in folgende nach Potenzen der Abplattung fortschreitende Reihe entwickeln läßt [3], [4]:

$$\bar{\gamma} = \bar{\gamma}_0^* \,(1 + \bar{\mathfrak{b}}\sin^2\varphi^* - \bar{\mathfrak{b}}'\sin^2 2\,\varphi^* - \cdots)\,. \tag{74}$$

φ^* ist die geographische Breite.

Ist $\mathfrak{a}$ die „Abplattung" und $\bar{\mathfrak{b}}$ die „Schwereabplattung"

$$\mathfrak{a} = \frac{a-b}{a}\,, \qquad \bar{\mathfrak{b}} = \frac{\gamma_{Pol}-\gamma_0^*}{\gamma_0^*}\,,$$

so wird

$$\bar{\mathfrak{b}}' = \frac{1}{8}\,\mathfrak{a}\,(\mathfrak{a} + 2\,\bar{\mathfrak{b}})\,.$$

Um die durch die internationale Schwereformel gegebene Randwertbedingung zu erfüllen, werden folgende Konstanten in der Formel für

$$\left[-\frac{\partial U}{\partial r^*}\right]_{\varepsilon} = \gamma$$

eingeführt.

$$\gamma_0^* = 983\,616{,}5_{\text{mgal}}$$
$$\mathfrak{b} = +\,0{,}001\,899\,6 \tag{75}$$
$$\mathfrak{b}' = -\,0{,}1\cdot 10^{-6}$$

$$(\bar{\gamma}_0^* = 978\,049_{\text{mgal}})$$
$$(\bar{\mathfrak{b}} = +\,0{,}005\,288\,4) \tag{76}$$
$$(\bar{\mathfrak{b}}' = +\,5{,}9\cdot 10^{-6})$$

Für die Belegung γ auf dem Ellipsoid erhalten wir dann folgende Kugelfunktionsentwickelung:

$$\gamma = \gamma_{00}^* + \gamma_{20}^* P_{20}(\varphi^*) + \gamma_{40}^* P_{40}(\varphi^*) + \cdots ,$$

$$\gamma_{00}^* = \gamma_0^* \left(1 + \frac{1}{3}\mathfrak{b}_2 + \frac{1}{5}\mathfrak{b}_4\right), \tag{77}$$

$$\gamma_{20}^* = \gamma_0^* \left(\frac{2}{3}\mathfrak{b}_2 + \frac{4}{7}\mathfrak{b}_4\right),$$

$$\gamma_{40}^* = \gamma_0^* \frac{8}{35}\mathfrak{b}_4 ,$$

$$\mathfrak{b}_2 = \mathfrak{b} - \mathfrak{b}_4 , \qquad \mathfrak{b}_4 = 4\,\mathfrak{b}' .$$

Ersetzen wir die geographische Breite φ^* durch die „reduzierte Poldistanz" ϑ^0

$$\operatorname{cotg} \varphi^* = \frac{b}{\sqrt{b^2 + e^2}} \operatorname{tg} \vartheta^0 ,$$

$$e^2 = a^2 - b^2 . \tag{77a}$$

So wird aus (77):

$$\gamma = \gamma_{00} + \gamma_{20} P_{20}(\cos \vartheta^0) + \gamma_{40} P_{40}(\cos \vartheta^0) ,$$

$$\gamma_{00} = \gamma_0^* \left[1 + \frac{1}{3}\mathfrak{b} - \frac{2}{15}\left(\mathfrak{b}_4 - \frac{e^2}{b^2}\mathfrak{b}\right)\right], \tag{78}$$

$$\gamma_{20} = \gamma_0^* \left[\frac{2}{3}\mathfrak{b} - \frac{2}{21}\left(\mathfrak{b}_4 - \frac{e^2}{b^2}\mathfrak{b}\right)\right],$$

$$\gamma_{40} = \gamma_0^* \frac{8}{35}\left(\mathfrak{b}_4 - \frac{e^2}{b^2}\mathfrak{b}\right).$$

Das Flächenelement auf dem Ellipsoid ist gleich

$$d\varepsilon = (b^2 + e^2 \cos^2 \vartheta^0) \sin \vartheta^0 \, d\vartheta^0 \, d\lambda . \tag{79}$$

Wir machen für $\gamma\,(b^2 + e^2 \cos^2 \vartheta^0)$ eine Kugelfunktionsentwicklung.

$$\gamma\,(b^2 + e^2 \cos^2 \vartheta^0) \cong b^2 \sum_{\frac{n}{2} = 0,1,2} \gamma_{n0} P_{n0}(\cos \vartheta^0) + e^2 \gamma_{00} \cos^2 \vartheta^0 + e^2 \gamma_{20} \cos^2 \vartheta^0 P_{20}(\cos \vartheta^0) ,$$

$$\gamma\,(b^2 + e^2 \cos^2 \vartheta^0) = \gamma_{00}^0 + \gamma_{20}^0 P_{20}(\cos \vartheta^0) + \gamma_{40}^0 P_{40}(\cos \vartheta^0) = \sum_{\frac{n}{2} = 0,1,2} \gamma_{n0}^0 P_{n0}(\cos \vartheta^0) ,$$

$$\gamma_{00}^0 = b^2 \gamma_{00} + e^2 \left[\frac{1}{3}\gamma_{00} + \frac{2}{15}\gamma_{20}\right),$$

$$\gamma_{20}^0 = b^2 \gamma_{20} + \frac{2}{3} e^2 \left(\gamma_{00} + \frac{11}{14}\gamma_{20}\right), \tag{80}$$

$$\gamma_{40}^0 = b^2 \gamma_{40} + \frac{12}{35} e^2 \gamma_{20} .$$

(75) wird mit (79) und (80), wenn wir $\frac{1}{E}$ in Lamé-Funktionen entwickeln:

$$4\pi U_{\bar{P}} = \frac{i}{e} \sum_{n=0}^{\infty} \sum_{\nu=0}^{n} (-1)^\nu \quad C_{n\nu} Q_{n\nu}\left(\frac{i\bar{b}}{e}\right) P_{n\nu}\left(\frac{ib}{e}\right) P_{n\nu}(\cos \bar{\vartheta}^0) \times$$

$$\times \int_{\vartheta^0=0}^{\pi} \int_{\lambda=0}^{2\pi} \gamma_{n0}^0 P_{n0}(\cos \vartheta^0) P_{n\nu}(\cos \vartheta^0) \cos \nu\left(\bar{\lambda} - \lambda\right) \sin \vartheta^0 \, d\vartheta^0 \, d\lambda ,$$

$$C_{n0} = 2n + 1 , \qquad C_{n\nu} = \frac{1}{2}(2n + 1) , \qquad \nu = 1, 2 \ldots , \qquad i = \sqrt{-1} , \qquad \bar{b} \geqq b .$$

$$U_P = + \frac{i}{e} \sum_{n=0,2,4} \gamma_{n0}^0 \, Q_{n0}\left(\frac{i\,\bar{b}}{e}\right) P_{n0}\left(\frac{i\,\bar{b}}{e}\right) P_{n0}(\cos \bar{\vartheta}^0), \tag{81}$$

$$Q_{00}\left(\frac{i\,\bar{b}}{e}\right) \cong -i\,\frac{e}{\bar{b}}\left[1 - \frac{1}{3}\left(\frac{e}{\bar{b}}\right)^2 + \frac{1}{5}\left(\frac{e}{\bar{b}}\right)^4 - + \cdots\right],$$

$$Q_{20}\left(\frac{i\,\bar{b}}{e}\right) \cong \frac{2}{15}\,i\left(\frac{e}{\bar{b}}\right)^3\left[1 - \frac{6}{7}\left(\frac{e}{\bar{b}}\right)^2\right], \tag{81a}$$

$$Q_{40}\left(\frac{i\,\bar{b}}{e}\right) \cong -\frac{8}{315}\,i\left(\frac{e}{\bar{b}}\right)^5,$$

$$P_{00}\left(\frac{i\,b}{e}\right) = 1,$$

$$P_{20}\left(\frac{i\,b}{e}\right) = \frac{3}{2}\left[-\left(\frac{b}{e}\right)^2 - \frac{1}{3}\right], \tag{81b}$$

$$P_{40}\left(\frac{i\,b}{e}\right) = \frac{35}{8}\left[\left(\frac{b}{e}\right)^4 + \frac{6}{7}\left(\frac{b}{e}\right)^2 + \frac{3}{35}\right],$$

$$P_{00}(\cos \bar{\vartheta}^0) = 1,$$

$$P_{20}(\cos \bar{\vartheta}^0) = \frac{3}{2}\left(\cos^2 \bar{\vartheta}^0 - \frac{1}{3}\right), \tag{81c}$$

$$P_{40}(\cos \bar{\vartheta}^0) = \frac{35}{8}\left(\cos^4 \bar{\vartheta}^0 - \frac{6}{7}\cos^2 \bar{\vartheta}^0 + \frac{3}{35}\right).$$

Die „normale" Schwere im Punkte $\bar{P}$ ergibt sich aus dem „normalen" Schwerepotential folgendermaßen, vgl. [4].

$$\vec{\gamma}_{\bar{P}} = (\nabla U)_{\bar{P}} = \left\{\frac{\partial U}{\partial \bar{\varrho}} \sqrt{\frac{\bar{\varrho}^2 + e^2}{\bar{\varrho}^2 + e^2 \cos^2 \bar{\vartheta}^0}}, \quad \frac{\partial U}{\partial \bar{\vartheta}^0} \frac{1}{\sqrt{\bar{\varrho}^2 + e^2 \cos^2 \bar{\vartheta}^0}}, \quad 0\right\} \tag{82a}$$

und wegen $\bar{\varrho} = \bar{b}$

$$\gamma_{\bar{P}} = \frac{1}{\sqrt{\bar{b}^2 + e^2 \cos^2 \bar{\vartheta}^0}} \sqrt{\left(\frac{\partial U}{\partial \bar{b}}\right)^2 (\bar{b}^2 + e^2) + \left(\frac{\partial U}{\partial \bar{\vartheta}^0}\right)^2}, \tag{82b}$$

$$\frac{\partial U}{\partial \bar{b}} = -\frac{1}{e^2} \sum_{n=0,2,4} \gamma_{n0}^0 \, Q'_{n0}\left(\frac{i\,\bar{b}}{e}\right) P_{n0}\left(\frac{i\,b}{e}\right) P_{n0}(\cos \bar{\vartheta}^0), \tag{83}$$

$$Q'_{n0} = \frac{\partial}{\partial\left(\frac{i\,\bar{b}}{e}\right)} Q_{n0},$$

$$\frac{\partial U}{\partial \bar{\vartheta}^0} = -\frac{i}{e} \sum_{n=2,4} \gamma_{n0}^0 Q_{n0}\left(\frac{i\,\bar{b}}{e}\right) P_{n0}\left(\frac{i\,b}{e}\right) P_{n1}(\cos \bar{\vartheta}^0), \tag{84}$$

$$Q'_{00}\left(\frac{i\,\bar{b}}{e}\right) \cong \left(\frac{e}{\bar{b}}\right)^2\left[1 - \left(\frac{e}{\bar{b}}\right)^2 + \left(\frac{e}{\bar{b}}\right)^4\right],$$

$$Q'_{20}\left(\frac{i\,\bar{b}}{e}\right) \cong -\frac{2}{5}\left(\frac{e}{\bar{b}}\right)^4\left[1 - \frac{10}{7}\left(\frac{e}{\bar{b}}\right)^2\right], \tag{85}$$

$$Q'_{40}\left(\frac{i\,\bar{b}}{e}\right) \cong \frac{8}{63}\left(\frac{e}{\bar{b}}\right)^6,$$

$$P_{21}(\cos \bar{\vartheta}^0) = 3 \sin \bar{\vartheta}^0 \cos \bar{\vartheta}^0, \tag{86}$$

$$P_{41}(\cos \bar{\vartheta}^0) = \frac{5}{2} \sin \bar{\vartheta}^0 \left(7 \cos^3 \bar{\vartheta}^0 - 3 \cos \bar{\vartheta}^0\right).$$

Beschränken wir uns in (84) auf das Hauptglied:

$$\frac{\partial U}{\partial \bar{\vartheta}^0} \cong -\frac{3}{5}\gamma_{20}^0 \frac{1}{\bar{b}}\left(\frac{b}{\bar{b}}\right)^2 \sin\bar{\vartheta}^0 \cos\bar{\vartheta}^0 \cong \frac{1}{5}\gamma_0^* \mathfrak{b} \frac{b^4}{\bar{b}^3} \sin 2\bar{\vartheta}^0 , \tag{87}$$

dann ergibt sich $\gamma_{\bar{P}}$ aus (82 b) wie folgt in genügender Annäherung

$$\gamma_{\bar{P}} = -\frac{\partial U}{\partial \bar{b}} \sqrt{\frac{\bar{b}^2 + e^2}{\bar{b}^2 + e^2 \cos^2\bar{\vartheta}^0}} \left[1 + 0{,}56\left(\frac{b}{\bar{b}}\right)^8 \sin^2 2\bar{\vartheta}^0 \cdot 10^{-6}\right] \tag{88}$$

und mit einem Fehler von weniger als 0,56 mgal:

$$\gamma_{\bar{P}} \cong -\frac{\partial U}{\partial \bar{b}} \sqrt{\frac{\bar{b}^2 + e^2}{\bar{b}^2 + e^2 \cos^2\bar{\vartheta}^0}} , \tag{89}$$

$$\gamma_{\bar{P}} \cong \frac{\partial U}{\partial \bar{b}} \left[-1 - \frac{1}{2}\left(\frac{e}{\bar{b}}\right)^2 \sin^2\bar{\vartheta}^0 + \frac{1}{8}\left(\frac{e}{\bar{b}}\right)^4 \left(1 + 2\cos^2\bar{\vartheta}^0 - 3\cos^4\bar{\vartheta}^0\right)\right] . \tag{90}$$

Die praktische Berechnung von $\gamma_{\bar{P}}$ nach (90) gestaltet sich wie folgt:

e ist gegeben; denn e ist die lineare Exzentrizität des internationalen Erdellipsoids (77a).

b ist die kleine Achse des internationalen Erdellipsoids. Besonders zu erörtern ist die Ermittelung von $\bar{b}$ und $\bar{\vartheta}^0$. Zunächst gilt, vgl. Bild 10 [4]:

$$\bar{b}^2 = \bar{r}^2 - e^2 \sin^2\bar{\vartheta}^0 , \tag{91}$$

$$\bar{r}^2 = \left(\bar{r}' + \bar{h}\right)^2 - 4\,\bar{r}'\,\bar{h} \sin^2\frac{\delta_1}{2} .$$

Es gilt nun, aus $\bar{r}'$, $\bar{\varphi}^*$ und $\bar{h}$ die Werte von $\bar{b}$ und $\bar{\vartheta}^0$ zu ermitteln.

Mit (8) wird genügend genau

$$\bar{r}^2 = \left(\bar{r}' + \bar{h}\right)^2 - \mathfrak{a}^2\,\bar{r}'\,\bar{h} \sin^2 2\bar{\varphi}^* . \tag{92}$$

Die Berechnung von $\bar{r}'$, dem geozentrischen Radiusvektor des Lotfußpunktes $\bar{P}'$, erfolgt aus den Dimensionen des internationalen Erdellipsoids und der geographischen Breite $\bar{\varphi}'$ des Punktes $\bar{P}'$. Die entsprechende Formel ist in den Handbüchern der Höheren Geodäsie zu finden.

$$\bar{\vartheta} = 90° - \varphi^* + \mathfrak{a} \sin 2\bar{\varphi}^* \left(1 - \frac{\bar{h}}{R}\right) . \tag{93}$$

Aus der geozentrischen Poldistanz $\bar{\vartheta}$ erhalten wir die reduzierte Poldistanz $\bar{\vartheta}^0$ nach folgender iterativ anzuwendenden Formel

$$\operatorname{tg}\bar{\vartheta}^0 = \frac{\bar{b}}{\sqrt{\bar{b}^2 + e^2}} \operatorname{tg}\bar{\vartheta} , \tag{94}$$

$$\bar{b}^2 \cong \bar{r}^2 - e^2 \sin^2\bar{\vartheta}^* . \tag{95}$$

Man wird also zunächst $\bar{r}'$ und dann mit (92) $\bar{r}$ ermitteln. (93) liefert $\bar{\vartheta}$. (94) gibt in Verbindung mit (95) einen ersten Näherungswert für $\bar{\vartheta}^0$. Als Folge sukzessiver Approximationen erhält man schließlich $\bar{b}$ nach (91) und $\bar{\vartheta}^0$ nach (94) mit der gewünschten Genauigkeit.

Die Höhe $\bar{h}$ des Punktes $\bar{P}$ über dem Ellipsoid bestimmt sich aus der Höhe des Punktes $\bar{P}$ über der Erdoberfläche $\bar{h}_1$, aus der orthometrischen Höhe der Erdoberfläche über dem Geoid $\bar{h}_2$ und aus der Geoidundulation N.

Aus Bild 13 lesen wir ab:

$$\bar{h} = \bar{h}_1 \cos\tau_1 + \bar{h}_2 \cos\tau_2 + N ,$$

τ_1 ist die Lotabweichungskomponente an der Erdoberfläche, τ_2 die in Höhe des Geoids. τ_1 und τ_2 unterscheiden sich um die „Lotkrümmungsreduktion.“

Setzen wir

$$\tau_1 \cong \tau_2 \cong 20'' , \quad \bar{h}_1 = 1000\,\text{km} , \quad \bar{h}_2 = 10\,\text{km} ,$$

so folgt, mit einem Fehler von $\pm$ 0,5 cm

$$\bar{h} = \bar{h}_1 + \bar{h}_2 + N = \bar{h}^0 + N . \tag{96}$$

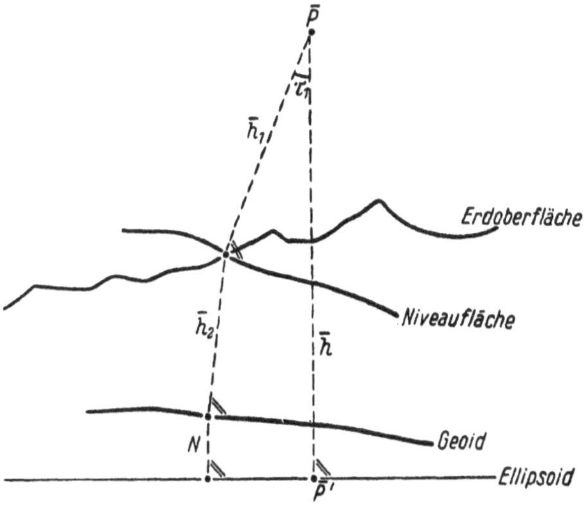

Bild 13

Ist die Undulation N unbekannt, so wird man die Bestimmung von $\gamma_{\bar{P}}$ nicht mit $\bar{h}$ sondern mit $\bar{h}^0$ vornehmen, es ergibt sich dann nicht $\gamma_{\bar{P}}$ sondern $\gamma_{\bar{P}^0}$. $\gamma_{\bar{P}^0}$ muß also mit einer Korrektion wegen N versehen werden.

$$\gamma_{\bar{P}} = \gamma_{\bar{P}^0} + \left(\frac{\partial \gamma}{\partial \bar{h}}\right)_{\bar{P}} N . \tag{97}$$

Wir finden

$$\frac{\partial \gamma}{\partial \bar{h}} = \frac{\partial \gamma}{\partial \bar{b}} \frac{\partial \bar{b}}{\partial \bar{h}} + \frac{\partial \gamma}{\partial \bar{\vartheta}^0} \frac{\partial \bar{\vartheta}^0}{\partial \bar{h}} . \tag{98}$$

Beschränken wir uns bei den Differentialquotienten auf die Hauptglieder, so folgt aus (90), (83) und (80)

$$\frac{\partial \gamma}{\partial \bar{b}} \cong - \frac{\partial^2 U}{\partial \bar{b}^2} \cong - 2\, \gamma_{00}^0 \frac{1}{\bar{b}^3} \cong - 2\, \gamma_{00} \frac{b^2}{\bar{b}^3}$$

und mit (84)

$$\frac{\partial^2 U}{\partial \bar{\vartheta}^0\, \partial \bar{b}} \cong + \frac{9}{10} \gamma_{20} \left(\frac{b}{\bar{b}}\right)^4 \sin 2\, \bar{\vartheta}^0 .$$

So folgt aus (90)

$$\frac{\partial \gamma}{\partial \bar{\vartheta}^0} \cong - \frac{9}{10} \gamma_{20} \left(\frac{b}{\bar{b}}\right)^4 \sin 2\, \bar{\vartheta}^0 - \frac{1}{2} \frac{\partial U}{\partial \bar{b}} \left(\frac{e}{\bar{b}}\right)^2 \sin 2\, \bar{\vartheta}^0$$

und mit (83)

$$\frac{\partial U}{\partial \bar{b}} \cong - \frac{1}{\bar{b}^2} \gamma_{00}^0 \cong - \frac{b^2}{\bar{b}^2} \gamma_{00} ,$$

$$\frac{\partial \gamma}{\partial \bar{\vartheta}^0} \cong \sin 2\, \bar{\vartheta}^0 \left[- \frac{9}{10} \left(\frac{b}{\bar{b}}\right)^4 \gamma_{20} + \frac{1}{2} \left(\frac{b}{\bar{b}}\right)^2 \gamma_{00} \left(\frac{e}{\bar{b}}\right)^2 \right] .$$

$\frac{\partial \bar{b}}{\partial \bar{h}}$ und $\frac{\partial \bar{\vartheta}^0}{\partial \bar{h}}$ folgen aus den Gleichungen (91) bis (95)

$$2\, \bar{b} \frac{\partial \bar{b}}{\partial \bar{h}} = 2\, \bar{r} \frac{\partial \bar{r}}{\partial \bar{h}} - e^2 \sin^2 2\, \bar{\vartheta}^0 \frac{\partial \bar{\vartheta}^0}{\partial \bar{h}} ,$$

$$2\, \bar{r} \frac{\partial \bar{r}}{\partial \bar{h}} \cong 2 \left(\bar{r}' + \bar{h}\right) \cong 2\, \bar{r} ,$$

$$\frac{1}{\cos^2 \bar{\vartheta}^0} d\bar{\vartheta}^0 \cong \frac{1}{\cos^2 \bar{\vartheta}} d\bar{\vartheta} ,$$

$$\frac{\partial \bar{\vartheta}^0}{\partial \bar{h}} \cong \frac{\partial \bar{\vartheta}}{\partial \bar{h}} = -\,\mathfrak{a} \frac{1}{R} \sin 2 \bar{\varphi}^* ,$$

$$2 \bar{b} \frac{\partial \bar{b}}{\partial \bar{h}} = 2 \bar{r} + e^2 \frac{1}{R} \mathfrak{a} \sin 2 \bar{\vartheta}^0 \sin 2 \bar{\varphi}^* ,$$

$$\frac{\partial \bar{b}}{\partial \bar{h}} \cong \frac{\bar{r}}{\bar{b}} \cong 1 .$$

Es folgt also mit einem relativen Fehler von der Größenordnung

$$\left(\frac{e}{\bar{b}}\right)^2 ,$$

$$\frac{\partial \gamma}{\partial \bar{h}} = -\,2 \gamma_{00} \frac{b^2}{\bar{b}^3} . \tag{99}$$

(97) und (99) ergeben

$$\gamma_{\bar{P}} = \gamma_{\bar{P}^0} - 2 \gamma_{00} \frac{b^2}{\bar{b}^3} N . \tag{100}$$

Die tatsächliche Schwere im Punkte $\bar{P}$ ist

$$g_{\bar{P}} = \gamma_{\bar{P}} + (g - \gamma)_{\bar{P}} = \gamma_{\bar{P}_0} + \Delta\gamma_{\bar{P}^0} , \tag{101}$$

$$\Delta\gamma_{\bar{P}^0} = -\,2 \gamma_{00} \frac{b^2}{\bar{b}^3} N + (g - \gamma)_{\bar{P}} . \tag{102}$$

Gehen wir zu Kugelfunktionen über, so erhalten wir

$$\Delta\gamma_{\bar{P}^0} = -\,2 \gamma_{00} \frac{b^2}{\bar{b}^3} \sum_{n=2}^{\infty} {}_2Y_n + \sum_{n=2}^{\infty} {}_3Y_n$$

und mit (65) und (72)

$$\Delta\gamma_{\bar{P}^0} = -\,2 \gamma_{00} \frac{b^2}{\bar{b}^3} \frac{R}{G} \sum_{n=2}^{\infty} \frac{1}{n-1} {}_1Y_n + \sum_{n=2}^{\infty} \frac{n+1}{n-1} \left(\frac{R}{\bar{r}}\right)^{n+2} {}_1Y_n \tag{103}$$

und schließlich mit den üblichen Näherungen

$$\Delta\gamma_{\bar{P}^0} = \sum_{n=2}^{10} \frac{1}{n-1} \left[(n+1) \left(\frac{R}{\bar{r}}\right)^{n+2} - 2 \left(\frac{R}{\bar{r}}\right)^3\right] {}_1Y_n , \tag{104}$$

$$n = 2, 3, \ldots 10 .$$

Kennt man also die Kugelfunktionsentwicklung ${}_1Y_n$ für die Freiluftanomalien Δg_F nach (60) bis zur Ordnung $n = 10$, so liefert Gl. (104) $\Delta\gamma_{\bar{P}^0}$. Addieren wir zu diesem Wert den aus (90) — im Verein mit (81a) (81b) (81c) — erhaltenen Wert für $\gamma_{\bar{P}^0}$, das ist die „normale“ Schwere im Abstand der orthometrischen Höhe senkrecht über dem Niveauellipsoid, so erhalten wir die auf dem Aufpunkt $\bar{P}$ wirkende Newtonsche Gravitationskraft.

Bei Rotationsbewegungen des Aufpunktes muß der Anteil der Zentrifugalkraft noch addiert werden.

Die „normale“ Schwere $\gamma_{\bar{P}^0}$ wird man in genügender Annäherung statt nach (90) auch mit der geläufigen Formel für die Schwere in bezug auf ein Niveausphäroid berechnen können. Auch die von SOMIGLIANA [3] angegebene streng gültige Formel für die auf ein Niveauellipsoid bezogene Schwere im Außenraum (einschließlich der Zentrifugalkraft) kann angewendet werden.

Literaturverzeichnis

[1] K. Arnold: Die Bestimmung der Geoidundulationen nach dem Greenschen Satz. Zeitschr. f. Vermessungsw. Heft 10 (1956).

[2] K. Arnold: Zur Bestimmung der Geoidundulationen aus Freiluftanomalien. Veröff. d. Geod. Inst. Potsdam Nr. 12, Berlin 1958.

[3] C. Somigliana: Teoria generale del campo gravitazionale dell'ellissoide di rotazione. Memor. della Soc. Ital. Ser. 2, Bd. 4 (1927).

[4] K. Jung: Figur der Erde. Handbuch der Physik Bd. 47. Geophysik I. Springer-Verlag 1956.

[5] C. F. Baeschlin: Lehrbuch der Geodäsie. Zürich 1948: Orell Füssli Verlag.

[6] H. Jeffreys: An application of the free-air reduction of gravity. Gerl. Beiträge z. Geophysik 31, 378—386 (1931).

[7] E. W. Hobson: The theory of spherical and ellipsoidal harmonics. Cambridge 1931.

[8] A. Wangerin: Theorie des Potentials und der Kugelfunktionen. Bd. I, II. Berlin u. Leipzig 1921, 1922.